———

FAUNE ET FLORE

———

MOLLUSQUES TERRESTRES

ET FLUVIATILES

PAR

M. J. R. BOURGUIGNAT.

Le pays des Çomalis s'étend sur cet immense triangle qui, au sud du golfe d'Aden, s'avance comme un coin dans l'océan Indien, où il se termine par le cap Guardafui.

Cette région presque inconnue, notamment celle où dominent les tribus des Medjourtines, Ouarsanguelis et Dolbohantes n'avait été, avant les explorations de M. G. Révoil, que partiellement visitée par le lieutenant Cruttenden en **1846** (1), par le commandant Guillain en **1848** (2), par le capitaine Miles (3), en **1856**, par le célèbre Speke (4), enfin par le docteur allemand J. M. Hildebrand en **1872** (5).

(1) Report on the Mijjertheyn tribe of Somalis inhabiting the district forming the north east point of Africa. — Dans les Mémoires de la Soc. géogr. de Bombay.

(2) Voyage à la côte orientale d'Afrique. 3 vol. in-8, avec un atlas in-folio de 60 pl. — Chez M. Arthus Bertrand, édit.

(3) On the neighborood of Bender Meraya. — Dans les Mém. de la Soc. géogr. de Bombay.

(4) First footsteep in the east Africa, by Burton, in-8. London,

(5) Ausflug von Aden in das Gebiet des Wer-Singelli Somalen

Seul, de tous ces explorateurs, Speke parvint à franchir la chaîne des monts Ouarsanguelis et pénétrer dans l'intérieur jusqu'à la vallée de Rhat.

C'est dans cette même région inhospitalière que M. G. Révoil a exécuté trois voyages.

Un premier, de décembre 1877 à mai 1878 ; un second, la même année, d'août 1878 à janvier 1879 ; enfin, un dernier, de juillet 1880 à août 1881.

Les relations des deux premiers voyages de notre compatriote : « *Expédition de l'Adonis sur la côte des Medjourtines et des Bénadirs* » et « *Trois mois en Medjourtine* » ont paru sous le titre de *Voyages au cap des Aromates* (1).

Les Mollusques recueillis par M. G. Révoil, dans le cours de ses explorations, sont au nombre de **37** espèces, sur lesquelles **33** terrestres et **4** fluviatiles.

Ces espèces se répartissent dans **8** genres de **4** familles différentes.

Ces familles appartiennent aux grandes divisions des INOPERCULÉS et des OPERCULÉS, qui elles-mêmes se subdivisent en PULMONÉS, en PULMOBRANCHES et en BRANCHIFÈRES.

und Beistung des Ahi-Gebirges. Zeitschrift der Gesellschaft für Erdkunde. — Berlin, 1875.

(1) 1 vol. in-8, avec fig. interc., planches et 1 carte. Paris, 1880, chez Dentu, libr.-édit.

Voici, du reste, le tableau synoptique de la classification des Mollusques Çomalis.

1° GASTEROPODA INOPERCULATA.

A PULMONACEA.

HELICIDÆ.

Helix Çomaliana,
— Tiani,
— Tohenica,
— pisaniformis,
— desertella,
Bulimus Revoili,
— candidus,
— Maunoirianus,
— Duveyrierianus,
— labiosus,
— macropleurus,
— Bertrandi,
— Tiani,
— Georgi,
— Pauli,
— Delagenieri,
Limicolaria Revoili,
— Gilbertæ,
— Rochebruni,

Limicolaria Armandi,
— Perrieriana,
— Maunoiriana,
— Milne-Edwardsiana,
— Leontin. ,
— Rabaudi,

B. PULMOBRANCHIATA.

LIMNÆIDÆ.

Limnæa Perrieri,
— Poirieri,
— Revoili,

2° GASTEROPODA OPERCULATA.

A. PULMONACEA.

CYCLOSTOMIDÆ.

Georgia naticopsis,
— Guillaini,
— Perrieri,
— Poirieri,
— Revoili,
Rochebrunia obtusa,
— Revoili,
Revoilia Milne-Edwardsi.

B. BRANCHIATA.

MELANIDÆ.

Melania tuberculata.

Presque toutes ces espèces sont nouvelles pour la science. Toutes sont, en outre, d'une grande importance, comme venant d'un pays aussi inconnu (1), parce qu'elles donnent, malgré leur petit nombre, un aperçu suffisant sur la répartition des êtres à la surface de cette partie de l'Afrique.

(1) Avant les explorations de M. G. Révoil, on ne connaissait rien sur les Mollusques Çomalis. Le commandant Guillain, qui n'était descendu qu'à Haffoun et à Meraya, n'avait recueilli qu'une variété du *Pupa labiosa* (voir : Notice sur les coq. rap. par M. Guillain, in : Journ. Conch., 1850, p. 76).

§ 1.

DESCRIPTION DES ESPÈCES

———

HELIX.

Les diverses Hélices, recueillies par **M. G. Révoil**, sont des formes du système européen. Elles appartiennent au groupe des *Pisana* si répandues en Égypte, en Syrie, ainsi que dans toutes les contrées du pourtour de la Méditerranée. Ces espèces, dérivées du type *Pisana*, ont été, à des époques inconnues, incontestablement transportées dans le pays des Çomalis, où, sous l'influence de milieux nouveaux, elles se sont sélectées des caractères spéciaux. Ce n'est, du reste, que sur les côtes, non loin du rivage, qu'elles ont toutes été trouvées. Aucune n'a été rencontrée dans l'intérieur des terres, où elles n'ont pu encore se propager.

HELIX ÇOMALIANA (fig. 67-69).

Testa perforata (perforatio profunda, angusta, sicut punctum), supra depressa, subtus convexo-ventrosa, opacula, solidula, striatula ac passim præsertim prope aperturam submalleata, candida et zonulis tribus (quarum, una superior, secunda inferior et tertia subevanida circa perforationem) obscure fuscis vel passim subcastaneis circumcincta ; — spira parum convexa, depressa, ad summum mamillata ; apice valido, lævigato, prominente ac obtuso ; — anfractibus 4 convexiusculis, velociter crescentibus, sutura impressa separatis;—ultimo maximo amplo, fere totam testæ amplitudinem efformante, supra convexiusculo, subtus ventroso, ad aperturam subrotundato ac relative amplissimo, superne ad insertionem labri regulariter lenteque descendente, subtus circa perforationem prope marginem aperturalem obscure subangulato ; — apertura vix obliqua, ampla, superne lunata, semirotundata ; — peristomate labiato, leviter reflexo ; margine columellari valido, dilatato ac supra perforationem leviter expanso ; marginibus remotis, callo tenui junctis ;—alt. 11, diam. 17, alt. ap. 8 1/2, lat. 9 millim.

Cette Hélice çomalienne, remarquable par le grand développement de son dernier tour, par l'amplitude de son ouverture, ainsi que par son sommet proéminent et mamellonné, a été trouvée au pied des broussailles entre la lacune de Tohen et le cap Gardafui.

HELIX TIANI (fig. 70-74).

Helix Tiani, *G. Révoil*, mss.

Testa anguste perforata, supra convexa, infra leviter convexiore, solidula, opacula, argute subgrosseque striatula ac obscure passim submalleata, uniformiter candida aut zonulis 3 vel 4 (quarum, 1 aut 2 superiores, alteræ inferiores) subfuscis zonata ; — spira rotundato-convexa, ad summum mamillata ; — apice valido, obtuso, lævigato et prominente ; — anfractibus 4 1/2 convexiusculis, sat regulariter crescentibus, sutura inter superiores impressula, inter ultimos impressiore separatis;—ultimo magno, rotundato, superne ad insertionem labri lente ac sat valide descendente ; — apertura leviter obliqua, parum lunata, rotundata, intus subluteola ; peristomate plus minusve incrassato ac reflexo, ad marginem superum prope insertionem labri recto ; — columella valida, dilatata ac supra perforationem leviter expansa ; marginibus mediocriter remotis, callo tenui junctis ; — alt. 14, diam. 18, alt. ap. 9, lat. 9 millim.

Dans les sables, sous les pierres, non loin de la vallée de Tohen.

Cette Hélice, à laquelle M. G. Révoil a attribué le nom de M. César Tian, d'Aden, se distingue de la *çomaliana*, par sa forme moins déprimée, presque aussi bombée en dessus qu'en dessous ; par son accroissement spiral régulier ; par son ouverture ronde, relativement plus petite que celle de la *çomaliana* ; par son dernier tour plus descendant à l'insertion du bord externe ; enfin, notamment, par ce dernier tour d'une grandeur normale, bien en proportion pour la taille avec les supérieurs, tandis que chez la *çomaliana*, le dernier tour est si grand et si développé, que les autres paraissent exigus auprès de lui.

HELIX TOHENICA (fig. 74-76).

Testa vix rimata (rima fere omnino tecta), subdepresso-ventrosa, æqualiter convexa supra quam infra, solida, opaca, ponderosa, striatula ac passim submalleata, candida et zonulis tribus (quarum una superior, alteræ inferiores) pallide fusco-castaneis cincta ; — spira convexa, perobtusa ; apice valido, obtuso, lævigato ac submamillato ; — anfractibus 5 convexis, rapide crescentibus, sutura sublineari, inter ultimos impressa, separatis ; — ultimo sat magno, rotundato-ventroso, superne lente descendente, subtus circa rimam angulato ; — apertura obliqua, lunata, semirotundata ; — peristomate incrassato, obtuso, undique expansiusculo ac reflexiusculo ; — columella validissima, robusta, dilatata, supra rimam fere omnino tectam expansa ; marginibus remotis, callo sat crasso junctis ; — alt. **15**, diam. **21**, alt. ap. **10**, lat. **11** millim.

Au pied des roches arides du cap Gardafui.

La *tohenica* se distingue aisément des deux précédentes : par sa taille plus forte, par son test solide, épais, pesant ; par sa forme ventrue, déprimée, aussi convexe en dessus qu'en dessous ; par sa spire convexe en forme de dôme, sans sommet proéminent ; par son dernier tour assez nettement anguleux en dessous, autour de la perforation qui se trouve réduite à un simulacre de fente.

HELIX PISANIFORMIS (fig. 72-73).

Helix pisaniformis, *Bourguignat,* moll.terr.fluv. recueillis
en Afrique dans le pays des Çomalis-Medjour-
tin, p. 3, fév. 1881.

Cette Hélice, dont je donne une exacte réprésentation,
a été rencontrée, avec les précédentes, aux environs de
Tohen sur la côte orientale. Elle me paraît intermédiaire
entre la *Pisana* et la *Dehnei* du Maroc. Elle est, cepen-
dant, par le mode de ses striations, par sa perforation
non recouverte, par sa forme moins déprimée, etc., plus
voisine de la première que de la seconde.

HELIX DESERTELLA.

Helix desertella, *Jickeli,* fauna land und sussw. moll.
nord-ost Afrika's, p. 77, pl. iv, fig. 26, 1874.

Cette espèce, abondante en Égypte, a été retrouvée,
par M. G. Révoil, dans les lieux arides, sous les pierres
et les broussailles, entre la lacune de Tohen et le cap
Gardafui.

Les échantillons de ce pays sont identiques sous tous
les rapports, sauf une taille un peu moindre, avec ceux
qui vivent en Égypte et qui ont été parfaitement repré-
sentés dans l'ouvrage de Jickeli.

BULIMUS.

Les Bulimes du pays des Çomalis sont des formes arabiques du groupe des *Petræus* d'Albers, groupe qui se relie par des nuances insensibles à celui des *labrosus* de Syrie et de Palestine.

Les espèces *petréennes* d'Arabie, bien qu'en nombre restreint, en comparaison de celui qui doit exister dans cette péninsule, encore de nos jours inexplorée et presque inconnue, sont, néanmoins, assez nombreuses pour que je croie devoir les passer en revue, ainsi que leurs similaires de Socotora, avant d'aborder leurs analogues çomaliennes. Je suis d'autant plus porté à croire à la nécessité de faire ressortir leurs caractères, que toutes, ou presque toutes, ont été confondues les unes entre elles, soit partiellement, soit en bloc, et cela, sans qu'on ait pris la peine de les étudier ou seulement d'apporter le moindre souci à l'habitat ou aux distances, souvent énormes, des stations où chacune d'elles a été signalée.

Ces Bulimes peuvent se répartir, d'après l'ensemble de leurs formes, en trois séries :

1° En espèces à test ventru-conique, très renflées à leur base, ressemblant comme aspect à de très grands Scopelophila ;

2° En espèces à test oblong, ventru dans leur partie moyenne, d'une façon plus ou moins accentuée ;

3° En espèces à test cylindriforme, s'atténuant en cône à leur sommet.

Les Bulimes de la première série sont au nombre de deux, le *fragosus* et le *Forskali*. Le premier est très finement décussé, tandis que le second est orné de grosses côtes semblables à celles qui caractérisent les *macropleurus* et *Bertrandi* du pays des Çomalis.

Bulimus fragosus (fig. 19). — Helix fragosa *Ferussac*, prod. n° 421 (sine desc.) 1821. — Buliminus fragosus, *Beck.* ind. moll. p. 68 (nomen.), 1837. — Bulimus fragosus, *L. Pfeiffer*, Symb. Hist. hel. II. p. 45, 1843; et, Mon. hel. viv. II, p. 64, 1848, et, gatt. Bulimus (2ᵉ édit. Chemnitz), p. 62, pl. xviii. f. 1-2 (1).

Espèce de l'Yemen (Arabie), très ventrue à la base, de forme conoïde, à test très finement striolé et orné, en outre, de très petites linéoles spirales que viennent décusser des stries transversales, 7 à 8 tours presque plans. Ouverture ovalaire assez portée sur le côté dextre, ornée d'une columelle munie d'un pli visible non de face, mais seulement obliquement. Bords rapprochés, réunis par une assez forte callosité, qui fait paraître le péristome comme continu. Fente ombilicale assez grande ; — haut. 33, diam. 15 mill.

Les figures 1 et 2 de la planche xvii de la seconde

(1) Dans l'explication de la planche xviii de cet ouvrage, explication qui est l'œuvre de Kuster, cette espèce est nommée *Bulimus labrosus*, ce qui est erroné, attendu que le *labrosus* d'Olivier est une espèce différente de celle-ci.

édition de Chemnitz rendent assez bien les caractères de
ce Bulime.

Bulimus Forskali (fig. 23).—Helix sulcata Mulleri,
testa cylindracea ventricosa oblique sulcata, etc. *Chemnitz*,
Conchyl., cab. IX, 2ᵉ partie, p. 165, pl. cxxxv, f. 1231,
1786. — Buliminus Forskali, *Beck*, Ind. moll., p. 68.
nº 3 (sine desc. ac excl. synom.), 1837. — Bulimus
Forskali (pars.), *L. Pfeiffer*, Symb. Hel. II, p. 35, 1842,
et, Mon. hel. viv., II, p. 63 (excl. pler. synom.), 1848.—
Bulimus Forskali (pars), *Kuster*, Gatt. Bulimus, in 2ᵉ édit.
Chemnitz, p. 49, nº 42 (excl. pler. synom.), et pl. xv,
f. 6-7 seulement (non fig. 3-4 de la pl. xviii qui représentent, sous le nom erroné d'aratus (1), une espèce
différente, le micraulaxus).

Comme forme, le Forskali ressemble au *fragosus*, seulement il en diffère essentiellement en ce que son test est
fortement sillonné de côtes saillantes bien espacées qui
deviennent un peu arquées sur le dernier tour. Chez
cette espèce, l'ouverture paraît plus portée à droite et ses
bords, bien que rapprochés, ne sont pas réunis par un
bourrelet calleux comme chez le fragosus.

La columelle est pourvue également, comme celle du
précédent, d'un pli visible seulement de côté.

Cette espèce, qui est très reconnaissable d'après les
figures 6 et 7 de la planche xv, bien que ces figures
soient assez médiocres, vit en Arabie. On ne connaît pas
exactement sa localité.

____

(1) L'aratus de Recluz est un vrai candidus.

Les Bulimes de la seconde série sont au nombre de 6. Tous sont très finement striolés, sauf les *prochilus* et *labiosus*, qui sont presque lisses; ils sont, de plus, caractérisés par une forme oblongue, parfois très ventrue à leur partie moyenne (*candidus*), ou, d'autres fois, ventrue-subconoïde (*labiosus*).

Bulimus candidus (1) (fig. 6-8). — Pupa candida, *Lamarck*, Anim. s. vert., VII, 2ᵉ partie, p. 106, 1822, et (édit. Deshayes) VIII, p. 171, 1838, et, *Delessert*, Rec. coq. Lamarck, pl. xxvii, f. 10 (excellente), 1841. — Bulimus candidus, *Deshayes*, in : *Férussac*, Hist. moll., II, 2ᵉ partie, p. 77 (excl. pler. synom.), pl. cl, fig. 15-16 (très bonnes), et, *Paladilhe*, in : Ann. del Museo civico Genova, III, 1872, pl. i, fig. 17.

Il convient de rapporter à cette espèce le *Pupa arata* de Recluz (Rev. zool. soc. Cuvier, 1843, p. 4, in : Mag. zool., pl. lxxv (très exactes), 1843. Il ne peut y avoir de doute au sujet de cette réunion.

Mais il faut rejeter presque toutes les autres synonymies citées par L. Pfeiffer dans ses ouvrages (Monogr. hel. viv., III, p. 360, 1853, et, IV, p. 423, 1859, et, VI, p. 64, 1868, enfin, VIII, p. 91, 1877).

Coq. oblongue, ventrue à sa partie moyenne, bien acuminée à son sommet. Test d'une teinte cornée ou d'un fauve rougeâtre, très élégamment sillonné de stries *assez*

---

(1) Non Bulimus candidus de Gray, qui est une espèce du Brésil; nec Bulimus candidus de L. Pfeiffer, in : 2ᵉ édit. de Chemnitz, introd. au genre Bulimus, page xvi, qui est un composé de labiosus et de micraulaxus.

fortes, serrées, bien saillantes, parfaitement régulières.
Fente ombilicale longue, peu profonde. 8 tours médiocrement convexes. Ouverture à peine oblique, ovalaire.
Columelle avec un pli peu visible de face, mais bien en
vue obliquement. Péristome large, dilaté (comme, du reste,
chez toutes les espèces de ce groupe), nuancé intérieurement d'une teinte rougeâtre assez intense. Bords rapprochés, réunis par une très mince callosité, un tant soit
peu tuberculeuse vers l'insertion du bord externe.

Les figures données dans l'ouvrage de Ferussac (pl. CL,
fig. 15-16), et celles du Magasin de zoologie (pl. LXXV,
sous le nom d'*aratus*), sont excellentes. Elles rendent
bien le port et l'aspect de cette espèce.

Ce Bulime, qui ne paraît pas connu des auteurs alle-
mands, vit dans le sud de l'Arabie, ainsi que dans l'île de
Socotora. M. G. Révoil l'a recueilli également dans le
pays des Çomalis.

Bulimus micraulaxus (fig. 20). — C'est cette espèce
qui a été figurée par Kuster (G. Bulimus, in : Chemnitz,
pl. XVIII, fig. 3-4), sous le nom d'*aratus* (1), et, qui a été
comprise dans son texte (page 49) comme une variété du
Forskali. L. Pfeiffer, le continuateur de la monographie
des Bulimes de Kuster, dans l'introduction (p. XVI) à
cette monographie, a mentionné ces mêmes figures 3 et 4,
de la planche XVIII, sous le faux nom de candidus.

Ce Bulime, que j'inscris sous la nouvelle appellation
de *micraulaxus*, est très distinct des *Forskali* et *candidus*,

(1) Non Bul. (pupa) aratus de Recluz qui est un vrai candidus.

et par cela même de l'*aratus*, comme l'on peut s'en convaincre par l'examen des figures que je mentionne.

Le *micraulaxus* est une espèce ventrue, un tant soit peu cylindriforme, atténué en cône à son sommet. Son test, d'une teinte fauve-cornée uniforme, avec une zone rougeâtre près de la lèvre péristomale, zone aussi bien apparente intérieurement qu'extérieurement, est sillonné de très fines striations serrées, saillantes et régulières. Ses tours, au nombre de 8, sont presque plans, avec une suture linéaire. Son ouverture peu oblique, d'une forme ovalaire, est entourée d'un bord péristomal presque continu (grâce à la callosité pariétale), un peu moins dilaté que celui des *candidus*, *Forskali*, *fragosus* et autres. Sa columelle, sans pli apparent de face, très forte à sa partie supérieure, s'acumine à la base, en offrant une direction descendante, oblique de droite à gauche, tandis que chez les autres espèces, la direction columellaire est ou rectiligne ou oblique, au contraire, de gauche à droite.

Le *micraulaxus*, dont on ne connaît pas exactement la localité, provient du sud de l'Arabie.

Bulimus prochilus (fig. 21).—C'est ce Bulime que L. Pfeiffer, dans son introduction (p. xv, et, atlas, pl. xxii, f. 5-6) à la monographie du genre Bulimus de Kuster, a réuni par erreur au labiosus.

Cette espèce, d'une forme oblongue, moyennement ventrue, possède un test bien brillant, lisse ou presque lisse, d'une teinte cristalline. Sa spire est acuminée, obtuse au sommet. Ses tours, au nombre de 8, sont séparés par une suture linéaire, Son ouverture, à bords bien dilatés et fortement réfléchis, est pourvue d'un axe columellaire sans pli. — Haut. 23, diam. 9 mill.

Le *prochilus* vit dans l'île de Socotora. C'est l'espèce qui a le plus de rapport, comme forme, avec les *labrosus* et *Alepi* de Syrie.

Bulimus latireflexus (fig. 22). — Bulimus latireflexus, *Lov. Reeve*, iconogr. III, n° 568, pl. LXXVIII, et *L. Pfeiffer*, gatt. Bul. in : 2ᵉ édit. Chemnitz, p. 118, pl. XXXVI, f. 3-4, 1850, et Mon. hel. viv. III, p. 360, 1853.

Coq. oblongue-ventrue, à spire acuminée, à test assez mince, obliquement et très finement striolé, d'une teinte fauve-carnéolée. 8 tours peu convexes. Suture marginée. Columelle fortement plissée, dont le pli, néanmoins, est à peine visible de face. Péristome fortement et largement dilaté. Callosité mince, avec une petite éminence tuberculeuse vers l'insertion du bord externe. Haut. 29, diam. 12 mill. — Environs de Mascate, en Arabie.

L. Pfeiffer considère comme une variété de cette espèce son *Bul. Souleyeti* (in : zeitsch. f. malak. 1850, p. 15), d'une taille un peu plus faible, qui, de plus, est caractérisé par une ouverture munie à sa base d'un denticule.

Je ne connais pas cette forme, qui n'a jamais été figurée.

Bulimus Yemenicus (fig. 13). — Bulimus Yemenensis, *Paladilhe*, in : ann. mus. civ. Genova, III, 1872, p. 12, pl. I, fig. 15-16.

Espèce de taille médiocre (haut. 20, diam. 8 mill.), découverte par notre ami le professeur Arturo Issel, de

Gênes, aux environs d'Aden en Arabie. J'ai été forcé de modifier la désinence *ensis* en celle d'*icus*, parce que cette désinence ne peut convenir qu'à un nom de ville ou de village, et, non à celui d'une contrée ou d'une région.

Coq. ovoïde-allongée, solide, calcaire, blanchâtre, à test sillonné par des stries d'accroissement irrégulièrement espacées. Fente ombilicale peu profonde. 7 tours et demi légèrement convexes, à croissance assez rapide, notamment à partir du troisième, séparés par une suture assez profonde. Ouverture oblique, subelliptique, offrant *sur la convexité de l'avant-dernier tour un petit pli dentiforme peu saillant.* Axe columellaire plissé. Péristome fortement dilaté, surtout au bord inférieur. Bords rapprochés, réunis par une callosité.

Bulimus labiosus (1) (fig. 11). — Helix labiosa *Müller*, verm. hist. II, p. 96 (excl. syn. Gualt. (2) 1774 (3). — Buliminus labiosus, *Beck,* ind. Moll. p. 69 (nomen), 1837, — Bulimus labiosus (pars), *Küster*, gatt. Bul. in : 2° édit. Chemnitz, p. 48 (excl. pler, synon.), pl. xv, fig. 1-2, seulement (4), (figures médiocres, l'ouverture n'est pas

(1) L'helix cylindracea acuta, testa alba, glaberrima, apice valde acuto ; apertura ovali, fimbriata, *labro unidentato*, de Chemnitz (Conch. cab. IX, 1786, p. 166, pl. cxxxv, fig. 1234) se rapporte comme forme à cette espèce et comme description à la Bruguieri.

(2) L'espèce de Gualtieri citée par Müller ne peut être assimilée à cette espèce.

(3) Les caractères de la *labiosa* de Müller concordent bien avec ceux du *labiosus*, tel que je le représente figure 11.

(4) Les figures 5-6 de la planche xxii, sous le nom de labiosus, représentent le Bulimus prochilus, décrit ci-dessus.

assez oblongue), et *L. Pfeiffer*, monogr. hel. viv. II, p. 67 (excl. simil. pler. synon.), **1848.**

Cette espèce, dont je donne une exacte représentation, est une coquille oblongue-coniforme, à test très brillant, transparent, lisse ou très finement striolé par de petites stries presque effacées. Fente ombilicale profonde. 8 tours, les supérieurs plans, les inférieurs faiblement convexes. Ouverture semi-oblongue. Columelle uniplissée (pli visible surtout obliquement). Peristome très largement développé de tous côtés et réfléchi. Bords rapprochés, réunis par une callosité.

Ce Bulime, proportion gardée, est celui, de toutes les espèces de ce groupe, qui a le péristome le plus dilaté.

Il convient de rapporter au *labiosus* le *Pupa Jehennei* de Recluz (in : Rev. zool. soc. cuv., **1843**, p. 4, et, Mag. zool. pl. LXXVI, **1843**), qui ne diffère du type que par une forme moins régulièrement acuminée, mais ventrue-cylindriforme jusqu'à sa partie moyenne, et s'atténuant ensuite assez brusquement vers le sommet sous une apparence brièvement conique. Cette variété forme passage entre les espèces de la seconde série et celle de la troisième.

Le *labiosus* vit dans l'île de Socotora et au cap Gardafui.

L. Pfeiffer et quelques autres auteurs ont rapporté à cette espèce le labiosus de Bruguières. Ce Bulime, caractérisé par une dent pariétale, est une forme distincte de celle-ci. Je noterai ses caractères en passant en revue les espèces de la troisième série.

On a encore rapporté au *labiosus* une forme des bords de la mer Rouge, qui ne peut être assimilée, à mon sens, à l'espèce de Socotora. Je veux parler de l'*Helix arabica* de Forskal, décrite par Niebuhr (in : *Forskal*, desc. anim. etc... in itinere orientali, p. **127, 1775**).

Voici la description de cette *arabica*, description qui mérite d'être mise de nouveau au jour.

« HELIX ARABICA, turrita, terrestris ; oblongo-conica, alba, subumbilicata, glabra ; apertura muta.

« *Descr.* vix pollicaris, dimidium digitum lata. Umbilici initium breve, formatum e labio interiore adscendente. Apertura ovato-acuminata ; margine subtus et lateribus dilatato, leviter reflexo, superne spinis appressis, obsoletis. Color albidus. — Vivum non vidi. — Lohajæ. — Arab. k'arhar. »

D'après cette description, cette *arabica* turriculée, d'une forme oblongue-conique, serait subombiliquée, c'est-à-dire pourvue d'un commencement d'ombilic court, formé par la direction ascendante du bord intérieur (columellaire). Son test lisse, d'une couleur blanche, atteindrait à peine la hauteur d'un pouce et en largeur la moitié d'un doigt, ce qui équivaudrait à **25** mill. pour la hauteur et à **12** mill. et demi pour le diamètre. Son ouverture ovale-acuminée, intérieureurement d'une teinte sombre, se distinguerait par un bord faiblement réfléchi, dilaté à la base et sur les flancs, supérieurement ornés d'épines (ou de spinules) pressées et obsolètes.

Que signifient ces « *spinis appressis* »? Doit-on entendre par là de petits denticules allongés situés sur la paroi pariétale, à l'instar du denticule de l*Yemenicus* ou du *Bruguieri* (labiosus de Bruguières)? Il est difficile d'être affirmatif à cet égard. La phrase latine, du reste, est construite de telle façon qu'il est impossible de comprendre si ces « *spinis* » caractérisent les bords (lateribus) ou la partie supérieure de l'ouverture. Ce caractère inconnu, sur lequel j'appelle l'attention, indique que cette *arabica* ne peut être un labiosus.

J'ajouterai encore qu'il me semble de toute probabilité que le vrai *labiosus* de Socotora ne vit pas à une aussi grande distance du pays où il a été constaté.

L'*arabica*, en effet, a été recueillie à Lohajæ. Or, Lohajæ est Loheia, petit port de la mer Rouge, situé entre Djeddah et Moka.

Il y a donc, en résumé, sans compter la probabilité des grandes distances entre cette station de Loheia et l'île de Socotora, ce caractère important des « *spinis* », qui élève une ligne de démarcation bien tranchée entre ces deux espèces.

Les Bulimes de la troisième série sont au nombre de trois. Ils sont caractérisés par une coquille cylindrique s'atténuant en forme de cône vers le sommet. Une de ces espèces (*Bruguieri*) possède un denticule pariétal.

Bulimus sabæanus (fig. 14). — Bulimus sabæanus, *Bourguignat*, spec. noviss. moll. europ. syst. detectæ, n° **26**, 1876.

Cette espèce, qui a été trouvée aux environs de Mareb dans l'Yemen, est une coquille cylindrique, conoïde au sommet, à test assez solide, d'un gris blanchâtre et sillonné par de fines striations obliques, parfois presque effacées. Son sommet est mamellonné. Ses tours au nombre de **8**, à peine convexes, à croissance lente, sont séparés

par une suture pour ainsi dire linéaire. Son ouverture
faiblement oblique, échancrée supérieurement, est sub-
oblongue. Sa columelle droite, non plissée, vue obliquement, laisse apercevoir un très léger plissement
supérieur. Son péristome est médiocrement dilaté et évasé
en comparaison des espèces précédentes. Ses bords sont
distants et réunis par une faible callosité.—Haut. 22-23,
diam. 9 mill.

Bulimus Hedjazicus (fig. 12). — Cette espèce,
la plus petite du groupe, provient des montagnes entre
Djeddah et la Mecque. Comme elle est inédite, je crois
devoir en donner la diagnose.

Testa rimata (rima elongata, parum profunda), cylindrica, ad summum in conum attenuata, solidula, nitida,
obscure candida, subtiliter striatula (striæ obliquæ, argu-
tissimæ, sat irregulares, in ultimo obsoletæ ac passim
subevanidæ), in ultimo submalleata; — spira cylindrica,
parum elongata, ad summnm conoidea ; apice valido,
inopaculo, obtuso sicut mamillato ; — anfractibus **7** vix
convexiusculis, regulariter lenteque crescentibus, sutura
fere superficiali separatis ; — ultimo mediocri, convexo,
1/3 altitudinis æquante, superne ad insertionem labri
leviter descendente; — apertura sat obliqua, superne
lunata, semi-oblonga, externe convexa, interne ad columellam recta ; — peristomate intus incrassato, mediocriter expanso ac acuto, ad partem superiorem marginis externi non expanso sed recto; — collumella recta, intus leviter plicata, superne valida, inferne graciliore; marginibus
tenui callo junctis ; — alt. **15**, diam. **6**, alt. apert. **6** mill.

Bulimus Bruguieri. — L'espèce que j'inscris sous cette appellation est le *Bulimus labiosus* (1) de Bruguières (in : Encycl. meth. II, 2ᵉ partie, 1792, p. 347, n° 86), que presque tous les auteurs ont rapporté au *labiosus* de Socotora

Ce *labiosus*, auquel j'attribue le nom de Bruguières, est une espèce *cylindrique, à sommet atténué en form e de cône*, à test mince, diaphane, blanc, lisse et très luisant. Ses tours sont au nombre de 9. Son ombilic est perforé. Son ouverture est semiovale. Son péristome largement dilaté, plan, paraît presque continu, par suite de l'épaisseur de la callosité. Sa columelle est plissée ; enfin, sa *convexité pariétale* est ornée, comme chez l'*Yemenicus*, d'une *dent conique*. — Haut. 27, diam. 10 mill.

On ne connaît pas la patrie de cette espèce, qui doit provenir vraisemblablement de l'Yemen, où vivent ses analogues (*Yemenicus* et *sabœanus*).

Bruguières rapporte à son *labiosus* une figure (tab. IV, fig. R) de l'ouvrage de Gualtieri. Cette figure représente bien, il est vrai, une coquille avec une ouverture denticulée, mais, à l'exception de ce caractère, cette représentation est si primitive, comme toutes celles que l'on faisait du reste, à cette époque, que l'on ne peut, en conscience, reconnaître, en elle, cette espèce plutôt qu'une autre.

Tels sont les Bulimes *pétréens* connus d'Arabie et de Socotora.

De ces espèces, deux seulement, le *candidus* et le

(1) Non Bulimus (helix) labiosus de Müller, dont j'ai parlé ci-dessus.

labiosus, ont été retrouvées dans le pays des Çomalis par
M. G. Révoil, en même temps que cet intrépide voyageur
faisait la découverte de 9 autres espèces nouvelles, dont
je vais donner les caractères.

Tous les Bulimes çomaliens font partie de la deuxième
série, c'est-à-dire, appartiennent à la série des espèces
(*candidus*, *micraulaxus*, *prochilus*, *latireflexus*, *Yemenicus* et *labiosus*) à test oblong, ventru à leur partie
moyenne.

Ces Bulimes peuvent se subdiviser en deux sous-séries
d'après leur ouverture :

1° *En espèces, dont l'ouverture est bien dans l'axe.*
Cette sous-série peut encore, d'après le mode des stries,
subir un sectionnement.

2° *En espèces, dont l'ouverture excentrique est plus
ou moins portée à droite.*

Voici, du reste, l'ensemble de ce classement :

1° Ouverture bien dans l'axe.

A° Test presque lisse ou très finement striolé par des
striations délicates et très serrées.

Bulimus Revoili,
    —   candidus,
    —   Maunoirianus,
    —   Duveyrierianus,
    —   labiosus.

B° Test fortement sillonné par de grosses côtes espacées.

Bulimus macropleurus,
—   Bertrandi,
—   Tiani.

2° OUVERTURE EXCENTRIQUE PLUS OU MOINS PORTÉE A DROITE.

Bulimus Georgi,
—   Pauli,
—   Delagenieri.

BULIMUS REVOILI (fig. 1).

Testa rimata (rima elongato-curvata, in axi columellari
non penetrans), magna, oblonga, tumida, solidula, subtranslucida (aut in speciminibus mortuis plus minusve
opaca), nitidissima, uniformiter cornea vel corneo–subcarneola (in mortuis decolorata ac plus minusve candida),
argutissime substriatula, sicut lævigata (striolæ minutissimæ obsoletissimæ, sæpe in medianis anfractibus sicut
evanidæ) ; — spira oblonga, ad summum attenuata,
obtusula ; apice exiguo, pallidiore, sub lente striatulo ; —
anfractibus 8 convexiusculis, regulariter crescentibus,
sutura fere lineari (in ultimo prope aperturam solum sat
impressa) separatis ; — ultimo magno postice bene convexo, ad insertionem labri sat breviter ascendente, ad basin
circa rimam umbilicalem subangulato ; — apertura leviter
obliqua aut aliquando fere subverticali, subovata, superne
mediocriter angulata, ad marginem columellarem rectiuscula, ad basin et marginem externum rotundata ; — pe-

ristomate subcontinuo, undique late labiato, expanso, reflexo ac retro recurvato ; — columella recta, intus subcontorto-plicata (plica in conspectu vix perspicua) ; marginibus subconvergentibus, callo plus minusve valido junctis ; — alt. **35-38**, diam. **15-16**, alt. apert. cum labio peristomatis **17-18** mill.

Var. B. *cyclostomopsis* (fig. **2**).—Apertura minus ovata sed subrotundata ; marginibus callo validiore junctis.

Chez cette variété, la spire paraît un peu plus régulière-ment acuminée.

Var C. *pachystoma* (fig. **3**). — Testa crassiore, sat ponderosa ; marginibus callo robusto crassoque junctis.

La callosité, chez cette seconde variété, est tellement forte, que le péristome semble continu.

Ce magnifique Bulime, que je me fais un plaisir de dédier à M. Georges Révoil, a été trouvé par ce voyageur, sur le pic de Karoma (**1219** m. alt.), près de Meraya, chez les Çomalis–Medjourtines, ainsi qu'à Ouanentab, dans la chaîne des monts Ouarsanguélis.

BULIMUS CANDIDUS (fig. 6-8).

Je rappelle ici cette espèce pour signaler sa présence dans la vallée du Mélo près de Durduri, chez les Ouar-sanguélis. Les échantillons de cette localité (fig. **7** et **8**), sont d'une taille un peu moindre que ceux qui vivent en Arabie et dont j'ai donné, pour servir de terme de comparaison, une représentation exacte (fig. **6**), d'après un individu des environs d'Aden.

BULIMUS MAUNOIRIANUS (fig. 5).

Bulimus Maunoirianus, *G. Révoil*, mss.

Testa rimata (rima elongata, ad initium profunda, sat penetrans), oblongo-acuminata, subtranslucida (in speciminibus mortuis opaca ac sat solida), nitidissima, uniformiter corneo-carneola (in mortuis decolorata, argute striatula (striæ obliquæ, in supremis anfractibus sat validæ, regulares, strictæ ac sat productæ, et in medianis paulatim tenuiores, tandem in ultimo obsoletæ aut aliquando subevanidæ) ; — spira elongato-acuminata, ad summum obtusa ; apice valido, obtuso, pallidiore, striato extra embryonale punctum lævigatum ; — anfractibus 8 convexiusculis, regulariter crescentibus, sutura parum impressa separatis ; — ultimo majore, postice convexo, ad insertionem labri subito breviter ascendente, ad basin circa rimam subangulato ; — apertura parum obliqua, superne lunata, semi-oblonga, intus obscure subcarneola, externe bene convexa, ad marginem columellarem rectiuscula ac ad basin columellæ leviter sat subangulata; peristomate subcontinuo, undique late labiato expansoque ac reflexo et retro curvato ; — columella recta, intus profunde plicata (plica valida, producta, in aliquibus speciminibus stricta , lamelloso-contorta et usque ad basin prolongata); marginibus callo valido, prope insertionem labri magis incrassato, junctis ; — alt. **31**, diam. **13**, alt. apert. cum lab. perist. **14** mill.

Cette espèce, dédiée par **M. G. Révoil** à **M. Maunoir**, secrétaire général de la Société de géographie, vit dans le vallon de la lacune de Tohen, où elle se rencontre sous les entablements des roches qui surplombent la vallée.

Ce Bulime se distingue du Revoili, la seule espèce avec laquelle il peut être comparé, par sa taille moins forte; par sa forme moins régulièrement renflée-oblongue, comme celle du Revoili, mais oblongue-acuminée ; par sa fente ombilicale profonde à son origine ; par ses striations plus accentuées ; par sa spire acuminée, surmontée d'un sommet obtus, gros, robuste, bien strié, sauf le point embryonnaire supérieur, qui reste lisse ; par son ouverture un peu oblique, et, surtout, par sa columelle pourvue d'un pli lamelliforme beaucoup plus fort et plus saillant.

BULIMUS DUVEYRIERIANUS (fig. 10).

Bulimus Duveyrierianus, *G. Révoil*, mss.

Testa rimata (rima profunda, sat aperta), oblongo-conoidea, scillicet : in penultimo tumida deinde ad summum conoideo-acuminata, solida, nitida, subtilissime et argutissime striatula (striæ obliquæ, regulares, minutissimæ), decolorata sed verisimiliter corneo-carneola ; — spira producto-acuminata, conoidea, ad summum obtusiuscula ; apice sat valido, lævigato; — anfractibus 8 convexiusculis ac regulariter crescentibus usque ad penultimum ventrosum et relative maximum, sutura parum impressa separatis ; — ultimo majore, postice convexo, superne ad insertionem labri lente ascendente, ad basin circa rimam subangulato ; — apertura vix obliqua, superne lunata, semi-oblonga, externe bene convexa,

ad marginem columellarem rectiuscula; peristomate subcontinuo, undique labiato expanso ac reflexo ; columella
recta, intus plicata (plica valida, producta, in conspectu
parum conspicua); marginibus approximatis, callo sat
valido junctis ; — alt. 26. diam. 12. alt. apert. cum. lab.
perist. 11 millim.

Ce Bulime, auquel M. G. Révoil a attribué le nom de
notre ami commun, M. Henri Duveyrier, le célèbre ex-
plorateur du pays des Touaregs, a été recueilli sur les
pentes des collines du cap Gardafui.

Le *Duveyrierianus*, très caractérisé par sa coquille
très ventrue à son avant-dernier tour, allant ensuite en
s'effilant en cône jusqu'au sommet, diffère, en outre,
du *Maunoirianus*, le seul avec lequel on pourrait le con-
fondre, par sa fente ombilicale plus profonde et plus ouverte ; par son test sillonné de striations aussi fines, mais
plus saillantes, plus régulières et surtout moins effacées;
par son sommet lisse, moins gros ; par son avant-dernier
tour relativement plus volumineux, dont la convexité, par
suite de son renflement exagéré, dépasse à droite la convexité du dernier ; par son dernier tour lentement ascen-
cendant; par son péristome moins largement labié; enfin,
par ses bords moins distants, plus convergents.

BULIMUS LABIOSUS (fig. 11).

Cette espèce, dont j'ai établi la synonymie p. 20, a été
retrouvée au cap Gardafui. C'est le Bulime le moins
strié du groupe. Il est, pour ainsi dire, lisse.

Dans ma Notice du mois de février dernier, sur les

Mollusques du pays des Çomalis-Medjourtin, Mollusques
recueillis dans une précédente exploration de **M. G.** Révoil, j'avais placé en synonymie de cette espèce, à l'instar
de tous les auteurs, mes devanciers, le *labiosus* de Bru-
guière. Il convient actuellement de retrancher cette forme,
qui ne peut se rapporter à ce Bulime, ainsi que je l'ai
démontré ci-dessus p. 25.

BULIMUS MACROPLEURUS (fig. 16).

Testa rimata (rima profunda, sicut perforata), oblongo-
ventrosa, solidula, opacula, nitida, decolorata, eleganter
costata (costæ obliquæ, regulares, in supremis minutæ
ac paulatim in medianis validiores et in ultimis productæ,
inter se distantes ac robustæ) ;—spira elongata, ad summum obtusum convexo-attenuata ; apice valido, obtuso,
lævigato ; — anfractibus 8 fere planulatis (penultimus
convexiusculus ; ultimus convexus), regulariter lenteque
crescentibus, sutura lineari, in ultimo impressa, separatis;
— ultimo majore, postice convexo, superne ad insertionem labri subito ascendente, ad basin circa rimam bene
angulato (angulus lævigatus) ; — apertura vix obliqua,
superne lunata, semi-oblonga, externe bene convexa, ad
marginem collumellarem rectiuscula ; peristomate subcontinuo, valde labiato, undique late expanso, reflexo ac
retro recurvato ; columella plicata (plica profunda, valida,
producta in conspectu vix perspicua); marginibus approximatis, callo crasso junctis; — alt. **30**, diam. **14**,
alt. apert. cum lab. perist. **15** mill.

Cette belle espèce costulée habite dans la vallée du Melo, au-dessus de Durduri, chez les Ouarsanguelis.

Parmi les Bulimes *pétréens*, anciennement connus, il n'y a que le Forskali qui soit aussi fortement costulé que celui-ci.

BULIMUS BERTRANDI (fig. 17).

Bulimus Bertrandi, *G. Révoil*, mss.

Testa rimata (rima profunda, penetrans), oblongo-attenuata, solida, opaca, nitida, decolorata, eleganter costata, sicut in precedente specie ; — spira elongata, parum convexa, sed sat regulariter subacuminata, ad summum obtusiuscula ; apice mediocri, subobtuso, lævigato ; — anfractibus 9 fere planulatis (penultimus convexiusculus ; ultimus convexus), regulariter crescentibus, sutura lineari in ultimo subimpressa, separatis ; — ultimo majore, postice convexo, superne lente ascendente ac ad basin circa rimam angulato (angulus non lævigatus sicut in *Bul. macropleuro*, sed striatus) ; — apertura vix obliqua, leviter excentrica, superne lunata, semioblonga, externe convexa, ad partem columellarem e sinistra ad dextram oblique rectiuscula ; — peristomate continuo, crasso, valido, undique labiato lateque expanso et reflexo ; columella intus plicata (plica robusta in conspectu vix perspicua) ; marginibus callo validissimo junctis ;—alt. 30, diam.12, alt. apert. cum lab. perist. 13 millim.

Le *Bertrandi*, dédié par M. G. Révoil à M. Eug. Bertrand, de la maison Morand-Fabre, d'Aden, a été recueilli, en compagnie du *macropleurus,* dans la vallée du Mélo, près de Durduri.

Cette espèce, également costulée, ne peut être rapprochée que du *macropleurus*, dont elle diffère, notamment, par sa taille un peu plus petite, moins ventrue ; par sa spire plus régulièrement acuminée; par son sommet moins gros, non aussi obtus ; par son dernier tour lentement ascendant et offrant en dessous, autour de la fente ombilicale, une crête anguleuse non lisse, comme celle du *macropleurus*, mais fortement striée ; par son ouverture légèrement excentrique, un peu portée vers le côté droit; par son axe columellaire incliné, par suite de l'excentricité aperturale, de gauche à droite, etc.

BULIMUS TIANI (fig. 15).

Bulimus Tiani, *G. Révoil*, mss.

Testa rimata (rima aperta, brevis, non penetrans), oblongo-subacuminata, sat translucida, vix opacula, nitida, decolorata, eleganter costulata (costæ obliquæ, tenuiores, inter se minus distantes quam in speciebus duabus precedentibus, et in ultimis leviter undulatæ) ; — spira elongata, obtuse subacuminata ; apice mediocri, obtusiusculo, lævigato ; — anfractibus 8 fere planulatis (penultimus convexiusculus ; ultimus convexus), regulariter lenteque crescentibus, sutura superficiali, in ultimo propte aperturam leviter subimpressa separatis ; —ultimo mediocri, vix majore, postice convexo, superne ad insertionem labri subito ascendente, inferne circa rimam an-

gulato (angulus striatus); — apertura sat obliqua, superne
lunata, semirotundata, externe convexa, ad columellam
subrecta : — peristomate subcontinuo, undique labiato,
late expanso et reflexo ; — columella brevi, intus plicata
(plica brevis, validissima, producta, contorta); marginibus callo valido, ad insertionem labri crassiore junctis ;
—alt. 29, diam. 12, alt apert. cum lab. perist. 12 millim.

Ce Bulime, auquel M. G. Révoil a attribué le nom de
son ami M. César Tian, d'Aden, se distingue nettement
des deux précédentes par ses costullations moins grosses,
moins espacées, plus légèrement ondulées sur le dernier
tour et surtout par son ouverture presque ronde.

Chez le *Tiani*, le pli columellaire court, relativement
énorme, est très saillant.

A la base de l'ouverture, on remarque un petit denticule qui me paraît dû à une cause morbide. Cette excrois-
sance est peut-être analogue à celle que L. Pfeiffer a constaté à la base de l'ouverture de son *Souleyeti*, excrois-
sance que j'ai signalée ci-dessus p. 19.

Le Tiani a été rencontré dans la vallée de Tohen,
versant S.-E. de Gardafui.

BULIMUS GEORGI (fig. 4).

Testa rimata (rima profunda, in axi columellari sat
intrans), magna, elongato-oblonga, tenui, subtranslucida,
parum nitida, uniformiter cornea, argute striatula (striæ
obliquæ, strictæ, regulares, sat productæ, prope aperturam obsoletæ) ; — spira oblongo-producta, sat regulariter acuminata, ad summum obtusula ; apice exiguo, pallidiore, lævigato ; — anfractibus 9 fere planulatis, regu-

lariter crescentibus, sutura marginata ac lineari (in ultimo
prope aperturam solum impressa) separatis ; — ultimo
magno, ad dextram valde excentrico, postice convexo,
superne perlente regulariter subascendente ac ad insertionem labri subito erecto, inferne circa rimam obtuse
subangulato ;—apertura leviter obliqua, superne oblique
lunata, irregulariter subovata, ad dextram excentrica, ad
marginem columellarem oblique rectiuscula, ad marginem externum convexa ; peristomate non continuo, undique late labiato, expanso, reflexo ac retro recurvato ;—
columella oblique recta, intus subcontorto-plicata (plica
infera, in conspectu vix perspicua); marginibus subconvergentibus, callo tenui, ad insertionem labri externi incrassatulo, junctis; — alt. 40, diam. 14, alt. apert. cum
lab. perist. 19 millim.

Cette superbe espèce, la plus grande du groupe, à laquelle j'attribue le prénom de M. Georges Révoil, a été
recueillie à Fararalé, au pied des montagnes de Karkar.

Le Georgi ne peut être rapproché que du Revoili, dont
il se distingue par sa taille plus allongée, moins ventrue
et plus régulièrement fusiforme; par son test plus délicat,
moins brillant, sillonné de striations obliques, serrées,
régulières, nettement prononcées, devenant seulement
un peu obsolètes vers l'ouverture ; par sa spire plus régulièrement accuminée ; par ses tours moins convexes ; par
sa fente ombilicale très profondément creusée dans l'axe
columellaire ; enfin, surtout, par son dernier tour,
ainsi que par son ouverture, très portés du côté droit, par
conséquent excentriques.

Chez ce Bulime, par suite de la déviation à droite de
l'ouverture, la columelle, au lieu de descendre verticale-

ment comme celle du *Revoili*, se dirige dans une direction oblique de gauche à droite, tout en restant néanmoins rectiligne.

BULIMUS PAULI (fig. 4).

Bulimus Pauli, *G. Révoil*, mss.

Testa rimata (rima profunda, in loco axis columellaris perforata), mediocri, fusiformi, interne leviter ad dextram excentrica, plus minusve crassula et opacula, sat nitida, uniformiter cornea et elegantissime striatula (striæ regulares, plus minusve productæ, sat inter se distantes, ac lineolis minutissimis spiralibus, solum sub lente perspicuis, decussatæ) ; — spira oblongo-elongata, sat regulariter attenuato-acuminata ; apice obtuso, pallidiore, lævigato ; — anfractibus **8-8 1/2** vix convexiusculis aut subplanulatis, regulariter crescentibus, sutura marginata et lineari aut subimpressa (in ultimo prope aperturam impressiore separatis); — ultimo postice convexo, ad dextram leviter excentrico, superne lente ascendente et ad insertionem labri subito erecto, ad basin circa rimam obtuse angulato ; — apertura leviter obliqua, subovata. superne angulata, ad collumellam oblique rectiuscula, ad marginem externum convexa ; — peristomate non continuo, undique late labiato, expanso ac reflexo, sicut in præcedentibus ; — columella oblique recta, intus valide contorto-plicata (plica robusta, infera in conspectu bene perspicua) ; marginibus sat approximatis, callo tenui, ad insertionem labri calloso, junctis ; — alt. **30**, diam. **11**, alt. ap. cum lab. perist. **13** millim.

Ce Bulime, que M. G. Révoil a dédié à son frère Paul, vit dans les anfractuosités des rochers, au pic de Karoma, près de Meraya, chez les Medjourtines.

Le *Pauli* est une miniature du *Georgi*, dont il diffère, en outre, par son dernier tour et par son ouverture moins portés à droite; par sa columelle pourvue d'une lamelle plus saillante, très inférieure et plus apparente ; par sa fente ombilicale perforée à l'endroit de l'axe columellaire; par son test plus brillant, un peu plus épais et moins transparent ; enfin, notamment, par le mode de ses striations.

Chez le *Pauli*, les stries sont fines, régulières, bien saillantes, assez distantes et toutes aussi fortes les unes que les autres depuis le premier tour embryonnaire jusqu'à la fin du dernier; de plus, elles sont toutes très élégamment décussées par de très fines petites linéoles spirales qui les coupent à angle droit. Chez le *Georgi*, ces linéoles spirales manquent, et les stries, au lieu d'avoir la régularité de celles du *Pauli*, commencent, au contraire, sur le second tour supérieur par être très fortes (comme costellées), très distantes les unes des autres, pour devenir, à partir du troisième tour supérieur, d'abord fines, très serrées, plus obliques; puis, sur les tours inférieurs, moins accentuées, un peu moins régulières ; enfin, presque effacées aux abords de l'ouverture.

Je ferai remarquer que le *Pauli* et le *Fragosus* sont les seules espèces de ce groupe, sillonnées, en même temps, par des stries spirales et transversales.

D'après un échantillon recueilli vivant et conservé dans l'alcool, le manteau de l'animal parait, à travers le test, marbré et tout à fait semblable, comme coloration et comme mouchetures, au manteau de l'*Hélix fruticum* de nos pays.

BULIMUS DELAGENIERI (fig. 18).

Bulimus Delagenieri, *G. Révoil*, mss.

Testa rimata (rima profunda), mediocri, fusiformi, inferne ad dextram excentrica, subtranslucida, nitida, uniformiter cornea ac eleganter costulata (costulæ obliquæ, valde regulares, productæ); — spira attenuato-elongata, ad summum obtusiuscula; apice obtuso, lævigato ; — anfractibus 8, vix convexiusculis, regulariter crescentibus, sutura vix impressa ac inter ultimos marginata separatis; —ultimo postice convexo, ad dextram excentrico, superne lente ascendente, inferne circa rimam angulato ;—apertura leviter obliqua (speciei præcedenti simili) ; — peristomate subcontinuo, undique late labiato, expanso et reflexo; — columella oblique recta, intus valide contorto-plicata (plica valida, mediana, non infera, in conspectu bene perspicua); marginibus approximatis, callo sat valido, ad summum columellæ et ad insertionem labri externi crassiore, junctis; — alt. 28, diam. 10, alt. ap. cum lab. perist. 12 millim.

Vallée du Mélo, près de Durduri.

Ce Bulime, dédié à M. Delagénière, ex-agent consulaire de France à Aden, ne peut être rapproché que du *Pauli*, dont il diffère notamment : par sa fente ombilicale non perforée ; par sa columelle ornée d'un pli, non inférieur, mais médian ; enfin, surtout, par son mode tout différent de striations. Chez le *Delagenieri* il n'existe que des stries transverses, saillantes, serrées, fines et bien régulières, tandis que chez le *Pauli*, les striations, de deux sortes, sont spirales et transversales.

LIMICOLARIA.

Ce genre, établi par Schumacher, en 1817 (1), pour le *Bulimus flammeus*, puis réédité et mieux caractérisé par Shuttleworth, en 1856 (2), est un genre essentiellement africain. On en connaît actuellement une cinquantaine d'espèces, ce qui n'est rien, en comparaison du nombre de formes de Limicolaries qui doivent exister dans ce vaste continent.

M. G. Révoil a rapporté de son dernier voyage chez les Çomalis 9 espèces de ce genre. Ces Limicolaries, toutes de faible taille, ressemblent comme forme, en petit, à la *candidissima* du Kordofan, décrite et figurée par Shuttleworth dans ses *Notitiæ malacologicæ* (3); la plupart de ces espèces sont costulées et flammulées; toutes, sauf deux, ont un axe columellaire rectiligne dilaté supérieurement, accuminé et sans troncature à la base.

Ces deux espèces, dont l'axe columellaire est un peu différent, par suite d'un plissement un peu plus accentué, n'en sont pas moins pour cela des Limicolaries, bien que

(1) Essai d'un nouveau syst. des habitations des vers testacés.
(2) Notitiæ malacologicæ, p. 38.
(3) (I Heft, p. 49, pl. VI, f. 7-8, 1856.)

l'accentuation du pli de la columelle leur donne une certaine apparence de *Perideris*, genre également africain.

Les Limicolaria du pays des Çomalis, qui toutes proviennent de la chaîne des monts Ouarsanguelis, peuvent se répartir de la manière suivante :

1° Coq. A TEST FLAMMULÉ ET COSTULÉ (côtes plus ou moins saillantes, régulières ou irrégulières).

    A. Coq. de forte taille, allongée-subconoïde, assez ventrue inférieurement.

        Limicolaria Revoili.
        —   Gilbertæ.

    B. Coq. de petite taille, de forme allongée, oblongue ou subconoïde.

    ✕. *Test délicat, peu épais et flammulé.*

    †. Croissance spirale des plus régulières.— Spire très allongée. Columelle intérieurement sublamellée.

        Limicolaria Rochebruni.

    ††. Croissance spirale moins régulière (les deux derniers tours relativement très développés). Spire écourtée. Coq oblongue assez ventrue. Columelle délicate, simple.

        Limicolaria Armandi.

    ✕✕. *Test épais, crétacé, mat, non flammulé.*

†††. Spire subconoïde, columelle courte, robuste, bien lamellée.

Limicolaria Perrieriana.

2° Coq. a test épais, crétacé, opaque, très brillant, lisse ou presque lisse, ou a striations très émoussées.

X. *Test blanc avec des flammules.*

Limicolaria Maunoiriana.

XX. *Test blanc uniforme.*

Limicolaria Milne-Edwardsiana,
—   Leontinæ,
—   Rabaudi.

LIMICOLARIA REVOILI (fig. 24-25).

Testa anguste rimato-perforata, elongato-acuminata, inferne sat tumida, solida, cretacea, rare uniformiter candida, sed sæpius albida cum flammulis badiis aut castaneis passim sparsis præsertim in ultimis anfractibus; tandem, valide costata (costæ obsoletæ, grossæ, sæpe irregulares ac passim plus minusve validæ ac productæ) ; — spira elongata, acuminata, ad summum obtusiuscula; apice lævigato aut argutissime substriatulo, nitidissimo, subtranslucido ac fusculo ;—anfractibus 9 convexiusculis, regulariter crescentibus, sutura impressa separatis ; — ultimo majore convexo, ad insertionem recto, ad basin circa rimam perforationis obtuse circumcristato; — apertura leviter obliqua, oblonga, superne inferneque angustata, externe exacte convexa; — columella recta, intus obscure subplicata (plica in conspectu vix perspicua, contorta, usque ad basin descendens), superne dilatata ac expansa, inferne acutiuscula ac sicut subtruncatula ; — peristomate recto, subacuto, intus candide subincrassatulo; margine externo in medio antrorsum leviter arcuato, inferne paululum subretrocedente; marginibus callo junctis ; — alt. **29**, diam. **11** ; alt. ap. **11**, lat. **6** millim.

Var. B, *inflata* (fig. **26**). Testa inferne tumidiore ; spira magis conica ; — alt. **27**, diam. **12** millim.

Cette espèce, que je dédie à M. G. Révoil, provient des monts Ouarsanguelis.

Chez cette Limicolaria, les costulations commencent au sommet par être fines, régulières, pour devenir peu à peu de plus en plus fortes et espacées, sauf vers les abords de l'ouverture, où elles se resserrent sensiblement. Sur les tours médians, ces côtes sont larges, comme écrasées, bien que saillantes, et toutes sont séparées par un intervalle égal à l'épaisseur d'une côte. On remarque, sur la partie saillante de chacune d'elles, de nombreux petits méplats, ou de creux, qui donnent à ces costulations une apparence assez grossière.

La perforation, bien accentuée, quoique peu profonde, puisqu'elle ne s'enfonce pas au delà du niveau du sommet du bord columellaire, est entourée d'une crête, obtusément anguleuse, qui descend jusqu'à la base de l'ouverture, qui, par cela même, paraît un tant soit peu anguleuse et même parfois, lorsque la crête est très prononcée, légèrement canaliforme à sa partie inférieure.

LIMICOLARIA GILBERTÆ (fig. 27-28).

Limicolaria Gilbertæ, *G. Révoil*, mss.

Cette espèce à laquelle M. G. Révoil a attribué le nom de Mlle Gilberte Rabaud, de même taille, de même coloration et de même aspect que la Limicolarie précédente, diffère néanmoins de celle-ci :

1° par son ouverture exactement fusiforme, c'est-à-dire allongée, faiblement dilatée à sa partie moyenne et autant contractée supérieurement qu'inférieurement. Chez la Gilbertæ, en effet, l'ouverture, aussi convexe à gauche comme à droite, possède une columelle qui, à sa partie supérieure se réunit à la convexité pariétale de l'avant-dernier tour par une courbe peu prononcée. L'axe columellaire a l'air d'être la continuation de la callosité pariétale. Chez la *Revoili* au contraire, l'ouverture offre une concavité accentuée au sommet de la columelle par suite d'une plus grande convexité de la paroi de l'avant-dernier tour et par suite de l'axe columellaire qui, au lieu de descendre verticalement, se dirige d'une façon rectiligne dans un sens légèrement oblique de gauche à droite. Ce caractère donne à l'ouverture de la *Revoili* un aspect tout différent de celui de la *Gilbertæ* ;

2° par son encrassement intérieur tout à fait marginal, ce qui rend le bord externe obtus et assez épais. Chez la *Revoili*, l'encrassement, plus enfoncé sur la paroi interne de ce bord, n'arrive pas jusqu'à la marge;

3° par son bord externe non arqué en avant, mais presque rectiligne ;

4° par son ouverture un peu moins oblique, plus étroite dans son ensemble et plus anguleuse à sa partie inférieure.

La *Gilbertæ* a été également recueillie dans la chaîne des monts Ouarsanguelis.

LIMICOLARIA ROCHEBRUNI (fig. 33-34.

Testa anguste rimata (rima plus minusve profunda), oblongo-elongata, nitida, albida, aliquando in ultimis fuscula, eleganter flammulis castaneis plus minusve intentioribus passim sparsis ornata, et, grosse striatula (striæ tum validæ, tum subevanidæ aut obsoletæ, in ultimo validiores) ; — spira elongata, subacuminata, ad summum obtusiuscula ; apice lævigato, subtranslucido, fusculo ; — anfractibus 9 convexis, regulariter crescentibus, sutura sat impressa separatis ; — ultimo 1/3 altitudinis paululum superante, convexo, ad insertionem labri recto, ad basin circa rimam obtuse coarctato ; — apertura fere verticali, oblonga, intus castanea ; columella recta, intus subplicata, superne dilatata ac supra rimam expansa, inferne acuminata ; peristomate recto, acuto, intus vix incrassatulo ; margine externo antrorsum inferne subarcuato ; marginibus callo junctis ; — alt. 20, diam. 6, alt. ap. 7 millim.

Cette espèce, dédiée au malacologiste Tremeau de Rochebrune, remarquable par sa forme très allongée à peine ventrue, par son test délicat et brillant, a été rencontrée à Aïrensit (1660 mèt d'alt.) dans les monts Ouarsanguelis.

LIMICOLARIA ARMANDI (fig. 35-36)

Limicolaria Armandi, *G. Révoil*, mss.

Testa rimato-perforata, bulimiformi, oblonga sat ventrosa, parum nitida, pallide albidula aut in ultimis fuscula, et, flammulis fuscis irregulariter sparsis, tum raris,
tum numerosis, eleganter ornata; tandem striata (striæ
productæ, validæ, sæpe strictæ aut sat distantes ac obsoletæ); — spira subacuminata, ad summum obtusiuscula;
apice lævigato, translucido, fusculo; —anfractibus 8 convexis, sat regulariter crescentibus, sutura impressa separatis; — ultimo majore, convexiore, ad insertionem labri
recto, ad basin circa perforationem obtuse angulato; —
apertura leviter obliqua, ovata, intus ocraceo-fuscula;
columella simplici, recta, superne expanso-dilatata ac
supra perforationem reflexa, inferne acuminata; —peristomate recto, acuto, non incrassato: margine externo
antrorsum recto ac leviter retrocedente; marginibus callo
junctis — alt. 17-18, diam. 7, alt. ap. 7 millim.

Cette Limicolaria se distingue de la précédente par sa
taille un peu moindre; par sa forme plus ventrue, moins
allongée; par sa spire plus courte; par son ouverture
sensiblement plus large, par cela même, moins haute; par
sa columelle simple, sans aucun pli interne, comme chez
la *Rochebruni*; par son dernier tour plus convexe et sa
perforation plus ouverte; par le contour de son bord
externe descendant en ligne droite tout en s'obliquant
légèrement en arrière (chez la *Rochebruni*, ce même con-

tour descend presque à plomb en offrant à sa partie inférieure une faible convexité) ; enfin surtout, par son mode
spiral différent. Chez l'*Armandi*, en effet, les deux derniers tours sont énormes et très développés, comparativement aux tours supérieurs, qui paraissant relativement
médiocres et serrés ; tandis que chez la *Rochebruni*, les
tours moins serrés, plus largement développés, s'accroissent avec une grande régularité ; d'où il résulte, que,
chez cette espèce, la spire plus allongée, se montre élancée, délicate et non écourtée comme chez l'Armandi.

Cette Limicolaria, que M. G. Révoil a dédiée à M. Paul
Armand, professeur d'histoire et de géographie au lycée
de Marseille, vit au cirque de Sabé à Mana (1,500 m.
d'alt.) dans les monts Ouarsanguelis.

LIMICOLARIA PERRIERIANA (fig. 31-32).

Testa anguste rimata, elongato-acuminata, inferne
tumida, cretacea, non nitida, crassa, opaca, uniformiter
albida, in ultimo anfractu prope aperturam leviter ocracea
sat grosse striatula (striæ plus minusve validæ) ; — spira
producta, subconoidea, ad summum obtusa ; apice valido
obtuso, lævigato, candido ; — anfractibus **8** subcon-
vexiusculis aut aliquando (ultimus ac penultimus excepti)
subplanulatis, regulariter crescentibus, sutura parum impressa separatis ; — ultimo leviter majore, 1/3 altitudinis paululum superante, convexo, ad insertionem labri
recto, ad basin circa rimam angustam subcoarctato : —
apertura fere verticali, subovata, intus vix subocracea ;
columella brevi, robusta, plicata, valide dilatata ac expansa, inferne acuminata ; peristomate simplici, recto,

acuto; margine externo antrorsum leviter subarcuato; marginibus callo junctis; — alt. **20**, diam. **7**, alt. ap. **7** millim.

Cette espèce, à laquelle j'attribue le nom de M. Edmond Perrier, professeur à la chaire de malacologie du Muséum de Paris, est remarquable par son test épais, crétacé, d'un aspect terne et par sa columelle courte, robuste, très fortement plissée. Chez quelques échantillons, le pli est si fort et si brusquement terminé à sa base que l'ouverture semble comme canaliculée. Cette *Perrieriana* est si distincte des *Rochebruni* et *Armandi*, ainsi que l'on peut s'en convaincre par l'examen attentif des figures de ces espèces que je crois superflu de noter les différences qui existent entre celle-ci et ces Limicolaries.

LIMICOLARIA MAUNOIRIANA (fig. 29-30).

Limicolaria Maunoiriana, *G. Révoil*, mss.

Testa rimato-perforata, oblongo-ventrosa, sat obesa, solida, opaca, nitidissima, lævigata aut substriatula (striæ in ultimo prope aperturam leviter validiores), candida ac passim castaneo-flammulata; — spira mediocriter elongata, subacuminata, ad summum leviter obtusiuscula; apice obtuso, corneo, lævissimo; — anfractibus 8 convexiusculis, regulariter crescentibus, sutura sat impressa separatis; — ultimo majore, tumido, ad aperturam minus tumido solum convexo, ad insertionem labri leviter subdescendente, ad basin circa perforationem obtuse subangulato; — apertura verticali, oblonga, intus subcastanea, superne acuta, inferne subangulata, externe et ad marginem columellarem similiter convexa ; — columella arcuata, superne dilatata ac expansa, inferne acuminata ; peristomate recto, acuto, vix intus incrassatulo ; margine externo antrorsum recte descendente ; marginibus callo valido junctis ; — alt. 22, diam. 10, alt. ap. 9 millim.

Cette Limicolarie, que M. G. Révoil a dédiée à M. Maunoir, secrétaire de la Société de géographie, a été trouvée, comme les précédentes, dans la chaîne des monts Ouarsanguelis.

LIMICOLARIA MILNE-EDWARDSIANA (fig. 39-40).

Testa aperte rimato-perforata (perforatio profunda), elongato-acuminata, sat ventrosa, solida, opaca, nitida, uniformiter cretaceo-candida, striatula (striolæ sæpe obsoletæ ac passim subevanidæ);—spira producto-conoidæa, ad summum acutiuscula ; apice subacuto, lævigato, pallide corneo ; — anfractibus 9 convexiusculis, regulariter crescentibus, sutura impressa separatis ; — ultimo majore, 1[3 altitudinis paululum superante, parum convexo, ad insertionem labri recto, ad basin circa perforationem obtuse angulato ; — apertura relative exigua, sat obliqua, elongato-oblonga, angusta, superne inferneque angulata ; columella simplice, superne dilatata ac expansa, inferne acuminata ; — peristomate acuto, recto, intus incrassatulo ; margine externo antrorsum subrecto ; marginibus callo valido junctis ; — alt. 25 27, diam. 9, alt. ap. 10 millim.

4

Cette espèce, qui vit dans la chaîne des Ouarsanguelis, est très caractérisée par son ouverture exiguë, étroite, très allongée et anguleuse à ses extrémités supérieure et inférieure. Je me fais un plaisir de la dédier à notre ami le savant professeur M. Alphonse Milne-Edwards.

LIMICOLARIA LEONTINÆ (fig. 37-38.)

Limicolaria Leontinæ, *G. Révoil*, mss.

Cette espèce se distingue de la précédente :

Par sa forme plus ventrue inférieurement et plus conoïde supérieurement ;

Par sa spire régulièrement acuminée, moins allongée ;

Par son dernier tour relativement plus volumineux, par rapport aux autres, que celui de la Milne-Edwardsiana ;

Par sa croissance spirale non aussi régulièrement proportionnelle. Ainsi, chez la Leontinæ, les tours supérieurs jusqu'à l'avant-dernier, sont serrés et occupent un développement un peu moins considérable que ceux de l'espèce précédente ;

Par ses tours plus convexes ;

Par son ouverture de forme différente. Chez la *Milne-Edwardsiana*, l'ouverture, relativement exiguë, fort étroite, est oblongue-allongée, aussi anguleuse à sa partie supérieure qu'à sa base, avec les deux côtés externe et columellaire aussi exactement arqués l'un que l'autre. Chez la *Leontinæ*, l'ouverture ne possède pas cette régularité. Plus grande, moins étroite, surtout à sa partie supérieure, par suite d'une plus forte convexité du bord externe, l'ouverture n'offre pas des côtés exactement semblables : ainsi, sur le côté columellaire, la convexité de l'avant-dernier tour étant plus prononcée, son contour ne forme pas un arc parfait comme celui de la *Milne-Edwardsiana*, mais se creuse au sommet de la columelle. Sur le côté externe, le contour, à peu près semblable vers la base à celui de la *Milne-Edwardsiana*, s'arrondit plus en arrivant vers la partie supérieure; d'où il résulte, qu'à l'exception de la base aperturale, qui est à peu près semblable chez les deux espèces, la partie supérieure de l'ouverture de la *Leontinœ* est tout à fait différente de celle de la Milne-Edwardsiana.

J'ajouterai encore que le contour du bord externe est plus convexe en avant chez cette espèce que chez la précédente ; enfin que son épiderme, plus lisse, est plus plus brillant. Quant à son test, à peu près de même taille, il est aussi solide, aussi opaque et d'une teinte blanchâtre uniforme semblable.

Elle a été recueillie dans la chaîne des Ouarsanguelis et dédiée par M. G. Révoil à Mlle L. Rabaud.

LIMICOLARIA RABAUDI (fig. 41-42).

Limicolaria Rabaudi, *G. Révoil*, mss.

Testa rimato-perforata (perforatio plus minusve aperta, ventrosa superne elongato-conica, solida, opaca, cretacea, nitida, uniformiter candida, lævigata aut subtile substriatula ; — spira producta, conica, ad summum sat acutiuscula ; apice exiguo, lævissimo, subcorneo ; —

anfractibus 8 convexiusculis, regulariter crescentibus, sutura sat impressa separatis; — ultimo relative maximo, ventroso, convexiore, ad insertionem recto, ad basin circa perforationem obtuse angulato; — apertura vix obliqua aut subverticali, sat exigua, angusto-oblonga, superne inferneque angulata, intus fuscula; — columella recta, leviter sublamellosa, superne dilatata ac expansa, inferne acuminata ac sicut subtruncatula; peristomate recto, acuto, intus incrassato; margine externo, antrorsum vix arcuatulo; marginibus callo junctis; — alt. **23 25**, diam. **10**, alt. ap. **10-11** millim.

Cette Limicolarie est surtout remarquable par son ouverture exiguë, fortement rétrécie dans le sens de son diamètre, offrant, à sa partie supérieure et à sa base, deux angles très prononcés; par sa columelle descendante en droite ligne et paraissant à sa partie inférieure subtroncatulée.

Le dernier tour, chez la Rabaudi, est ventru et comparativement très développé; enfin, la croissance des tours supérieurs, bien régulière, est fort lente.

Cette espèce, à laquelle M. Georges Révoil, a attribué le nom de M. Alfred Rabaud, président de la Société de géographie de Marseille, a été recueillie comme les autres dans la chaîne des Ouarsanguelis.

LIMNÆA.

Les Limnées Çomaliennes proviennent toutes de la

lagune de Tohen, ainsi que du cours d'eau qui vient s'y jeter.

Cette lagune, située près de la côte orientale, est une espèce d'étang marécageux alimenté par un ruisseau torrentueux lors de la saison pluviale. Ce cours d'eau descend une assez longue vallée rocheuse, dont l'extrémité supérieure se perd dans un massif montueux encore inexploré.

Les Limnées de cette lagune appartiennent au groupe de l'*orophila* du Benguella. Elles sont au nombre de trois (*Perrieri*, *Poirieri* et *Revoili*)), et, toutes trois, d'un type essentiellement africain, sont bien caractérisées.

LIMNÆA PERRIERI (fig. 77-78).

Limnæa Perrieri, *Bourguignat*, Moll. terr. fluv. recueillis
   en Afrique dans le pays des Çomalis Medjourtin, p. 11, fév. 1881.

Testa non rimata (rima tecta), oblonga, leviter subampullacea, superne conica, fragili, translucida, rubro-cornea, argute striatula, in ultimo sœpissime grosse ac irregulariter striata ; — spira parum producta, 1/3 altitudinis æquante, conico-acuminata, ad summum acutissima : — anfractibus 5 convexis (supremi valde exigui ; penultimus relative major et ultimus permaximus), celerrime crescentibus, sutura impressa separatis ; — ultimo permaximo, 2|3 altitudinis æquante, oblongo-convexo, superna lente descendente ; — apertura obliqua, oblonga, superne angulata ; peristomate recto, cultrato ; margine

columellari superne lamella mediocri contorto-descen-
dente (ad partem medianam subito evanescente) prædito,
et inferne simplici, leviter retro-arcuato ; marginibus
callo pallidiore, usque ad basin non aperturæ sed la-
mellæ columellaris descendente, junctis ; — alt. **18**,
diam. **9**, alt. ap. **12** millim.

Cette espèce, qui a la même forme, les mêmes contours et presque le même ensemble de signes distinctifs
que la *Limnæa orophila* (1) du Benguella, en diffère
néanmoins : par son dernier tour plus régulièrement
convexe à sa partie supérieure (l'*orophila* offre une
légère compression en cette partie) ; par sa callosité qui
ne descend qu'à moitié de l'ouverture (celle de l'*orophila*
s'étend jusqu'à la base) ; par son bord columellaire
pourvu à sa partie supérieure d'une lamelle contournée
qui disparaît après un demi-tour de torsion à la partie
moyenne de l'ouverture, et qui, à partir de ce point,
s'amincit, en formant une légère courbe jusqu'à la
base.

Chez l'*orophila*, la lamelle columellaire, sous l'apparence d'un léger filet, descend jusqu'à la base d'une
façon presque rectiligne, ce qui rend l'ouverture de cette
Limnée plus convexe du côté externe. Chez la *Perrieri*,
par suite de la courbe inféro-columellaire, l'ouverture
est presque aussi convexe d'un côté que de l'autre.

(1) Morelet, moll., Welwitsch, p. 87, pl. vii, f. 4, 1868.

LIMNÆA POIRIERI (fig. 79-80).

Limnæa Poirieri, *Bourguignat*, Moll. terr. fluv. rec.
dans le pays des Çomalis Medjourtin, p. **12**,
fév. **1881**.

Testa non rimata (rima omnino tecta), oblongo-elongata, superne sat producto-conica, fragili, translucida,
nitidissima, argute striatula, cornea, ad summum rubi-
ginosa ; — spira gracili, sat producta, conica ; — anfractibus 5 convexiusculis (supremi exigui, regulariter
crescentes, ultimus maximus, perconvexus), sutura
impressa separatis; ultimo permaximo, oblongo, fere
2|3 altitudinis æquante, superne descendente ; — aper-
tura fere verticali, ad basin modo paululum retrocedente,
oblongo-elongata, sat angustata, superne angulata, ad
basin leviter ampliori; peristomate recto, cultrato; margine columellari ad partem medianam robusto, subla-
melloso (lamella mediocri, parum contorta, valde
descendens et usque ad partem inferam fere prolongata),
inferne vix arcuatulo; marginibus callo vix pallidiore,
usque ad 2|3 aperturæ descendente ac cum lamella gra-
datim se confundente, junctis; — alt. **14**, diam. **6**, alt.
ap. **9** millim.

Cette Limnée, du même groupe que la précédente, se
distingue de celle-ci : par sa coquille moindre dans toutes ses proportions ; par son test plus brillant, plus finement striolé ; par sa spire plus grêle ; par sa croissance
plus régulière jusqu'au commencement du dernier tour ;

par son dernier tour bien moins convexe, paraissant plus oblong; par son ouverture relativement plus étroite-oblongue, plus anguleuse supérieurement et presque verticale dans toute sa hauteur, sauf à la base où elle s'oblique un peu en arrière (chez la *Perrieri*, l'ouverture est franchement oblique); par son bord columellaire descendant d'une façon plus rectiligne (tout en conservant une direction recto-oblique de droite à gauche) à peine arquée à sa base et pourvue d'une lamelle très faiblement torse, ne donnant pas naissance à un sinus très appréciable (le sinus de la *Perrieri* est assez prononcé), et, offrant une descente plus prononcée qui vient se perdre aux trois quarts de l'ouverture,

LIMNÆA REVOILI (fig. 81-82).

Limnæa Revoili, *Bourguignat*, Moll. terr. fluv. rec. dans le pays des Çomalis Medjourtin, p. 14, fév. **1881**.

Testa non rimata (rima tecta), oblonga, ad summum attenuato-acuminata, sinistrorse leviter convexiore, fragili, translucida, parum nitida, fere lævigata aut sub validissimo lente vix substriatula, cornea, ad apicem rubella, inferne albicante; — spira attenuata, subacuminata, ad apicem obtusiuscula; — anfractibus 4 convexis, sinistrorse convexioribus (præcipue ultimus), rapide crescentibus, sutura impressa, regulariter descendente, separatis; — ultimo maximo, convexo, 2|3 altitudinis non æquante; — apertura leviter obliqua, oblonga, superne angulata, inferne ampliori ; peristomate recto, cultrato ; margine externo antrorsum curvato, præcipue ad partem inferam ; margine columellari in medio sublamelloso (lamella mediocris, vix contorta, valde descendens, fere subrecta), inferne arcuato : marginibus callo tenui, usque ad basin lamellæ columellaris descendente, junctis ; — alt. **11**, diam. **5**, alt. ap. **8** millim.

Cette espèce, dédiée au voyageur G. Révoil, diffère de la *Poirieri* : par sa taille plus faible ; par son test assez terne, lisse ou presque lisse, d'une teinte cornée, blanchissant vers la partie inférieure qui est un tant soit peu plus épaisse ; par sa spire atténuée, peu conique, bien qu'acuminée ; par son dernier tour plus convexe du côté gauche ; par son ouverture faiblement oblique ; par son bord externe arqué en avant et dont la partie la plus arquée est surtout prononcée vers la base ; par son bord columellaire moins rectiligne, arqué à sa partie inférieure.

OTOPOMA.

Ce genre a été établi, en 1850, par Gray (1), je devrais plutôt dire par Baird ; car, la classification des Cyclophoridæ, ainsi que je le tiens de bonne source, est l'œuvre de Baird. Quoi qu'il en soit, Gray, en proposant cette

(1) Nomencl. of moll. anim. and shells of the collect. of the Brit. muséum . — Cyclophoridæ, 1850, p. 35.

nouvelle coupe générique, lui a donné les caractères
suivants :

« Operculum shelly, solid ; whorls convex in the centre, with simple c .ges ; shell subglobose, solid, umbilicated, with an ear-like process from the inner side of the
mouth, covering part of the axis ; mouth circular ; peristome simple or slightly reflexed. »

Par ces caractères, on voit que le bord columellaire
recouvre *parfois plus ou moins* la cavité ombilicale.

Gray a mentionné 10 Otopoma. Or, le premier cité
est le *foliaceum* de Chemnitz, auquel il a accolé, à tort,
le *naticoides*, qui n'a pas le moindre rapport avec lui,
puisque le *foliaceum* possède un ombilic *ouvert* et un
dernier tour sillonné de lamelles foliacées (de là son nom),
tandis que le vrai *naticoïdes* est sans lamelles, avec un
ombilic *entièrement recouvert*. De plus, les autres Otopoma mentionnés ont tous, sauf le *clausum*, un ombilic
non fermé. Il résulte, en somme, de cette liste que Gray,
dans son esprit, a voulu établir sa coupe générique pour
des formes dont l'expansion columellaire *ne recouvre pas*
la cavité ombilicale.

Les frères H. et A. Adams (1) ont admis les Otopoma
de Gray, comme coupe *sous*-générique des Cyclostomes,
en leur appliquant les caractères suivants, vraiment par
trop vagues : « Shell conico-globose or depressed, solid,
umbilicated : aperture sub-oval ; peristome straight or
subreflexed, columellar margin generally dilated, more
or less covering the umbilicus. » Et, ces savants auteurs

(1) Gener. of rec. moll. 1858, II, p. 292.

ont cité **15** espèces, qui, à l'exception de **3**, ont le bord columellaire à peine dilaté et l'ombilic *non* recouvert.

L. Pfeiffer a adopté (1) les Otopomes comme *coupe générique*, genre qu'il a placé dans *sa* sous-famille des Cyclostoma, composée des Lithidion, Otopoma, Cyclostoma, Tudora et Leonia.

Les espèces admises par L. Pfeiffer, dans son dernier supplément de **1876**, sont au nombre de **20**, sur lesquelles un assez grand nombre de douteuses.

Ce savant, le premier, a compris que le véritable caractère des espèces de ce genre devait résider dans l'ombilic. Aussi a-t-il classé les Otopoma en deux groupes principaux : **1°** en espèces à : *umbilico prorsus clauso ;* **2°** en espèces à : *umbilico magis minusve aperto.*

Cette classification est la seule logique. C'est celle que j'adopte, comme la plus rationnelle, en appliquant aux formes à ombilic ouvert le nom d'Otopoma, puisque toutes les espèces citées par Gray, sauf deux, ont l'ombilic non cloisonné, et, aux autres à ombilic fermé, la nouvelle appellation générique de Georgia.

Quant aux *Rochebrunia*, espèces également confondues, *avec doute,* dans l'ancien genre Otopoma, comme elles possèdent des caractères spéciaux, je les maintiens dans la nouvelle coupe générique que j'ai établie, sous ce nom, en février **1881**.

Bien que je ne connaisse aucuns vrais Otopoma du pays des Çomalis, je crois néanmoins utile de donner un

(1) Monogr. pneumonop. viv. 1852, p. 79, — et suppl. 1858, p. 110, et 2ᵉ suppl. 1865, p. 121 ; enfin, 3ᵉ supp. 1876, p. 167.

aperçu des espèces qui ont été trouvées dans les *régions voisines* de ce pays, comme celles, par exemple, du sud de l'Arabie ou de l'île de Socotora, afin que si, dans l'avenir, on vient à découvrir sur les côtes Çomaliennes quelques formes semblables ou voisines de celles que je vais indiquer, on puisse facilement les reconnaître et les séparer.

Otopoma foliaceum.—Turbo foliaceum, *Chemnitz,* Conch. cab., IX, 1786, p. 59, pl. cxxiii, f. 1069-1070. — Cyclostoma foliaceum, *L. Pfeiffer,* Cycl. in : 2ᵐᵉ édit. Chemnitz, p. 36, pl. iv, f. 10-11. — Otopoma foliaceum, *Gray,* Cycloph., p. 35, nᵒ 1 (Exclud. synon. Cycl. naticoides et clathratulus), 1850.

Cette espèce, signalée par Gray, de l'île de Socotora, et que cet auteur (ainsi que L. Pfeiffer) avait confondue avec le *naticoides* de Recluz et le *clathratulum* de Sowerby (1), est une de ces anciennes coquilles sur lesquelles on a peu de renseignements. On ne la connaît que par les figures des deux éditions de Chemnitz.

D'après ces figures, le *foliaceum* est une forme conique-globuleuse, pourvue d'un ombilic *non-recouvert*. L'ouverture est circulaire, à bords presque continus. Les tours très convexes, au nombre de 5, sont costulés, surtout sur le dernier, qui est orné de lamelles tellement saillantes qu'elles paraissent foliacées.

Otopoma Balfouri. — *Godwin-Austen,* on the

---

(1) Non clathratulum de Recluz. — Cette coquille est une forme non adulte.

land shells of the island of Socotra, in : Proceed. zool.
soc. of London, 1881, p. 253, pl. xxvii, fig. 2.

Grande et belle espèce (haut. 22, diam. 55 mill.), de
l'île de Socotora, caractérisée par une coquille globuleuse, très largement développée dans le sens transversal,
et, par cela même, paraissant, bien qu'elle soit turbinée,
comme un peu écrasée : par un test blanchâtre, sillonné
par des côtes spirales, grosses, régulières, s'effaçant au-
dessous et ne s'étendant pas sur la région ombilicale,
qui est simplement striolée de linéoles transversales ; par
une spire conoïde, à sommet presque toujours tronqué ;
par des tours, au nombre de 4, bien ventrus, arrondis, séparés par une suture profonde ; par une ouverture
oblique (1), ovoïde dans un sens *transversalement oblique*
de haut en bas et de gauche à droite, d'un ton jaunacé à
l'intérieur et présentant supérieurement une partie
anguleuse assez prononcée ; par un péristome continu,
obtus, épaissi surtout du côté externe, non réfléchi et
offrant du côté columellaire un bord moins épais, pourvu
vers sa partie supérieure regardant la *cavité ombilicale,
qui est largement ouverte et jamais recouverte*, d'une
petite saillie anguleuse.

Cette saillie anguleuse est *un des caractères* du bord
columellaire des vrais Otopoma.

Otopoma complanatum. — *Godwin-Austen*, on
the land shells of the island of Socotra, in : Proceed.
zool. soc., 1881, p. 254, pl. xxvii, fig. 3-3ᴬ.

____

(1) Godwin-Austen dit « *subvertical* »; mais d'après la figure de
cette espèce (f. 2a), l'ouverture est franchement oblique.

Coq. d'une teinte blanche, d'une forme ventrue-conoïde, à spire assez bien turbinée et pourvue d'une *cavité ombilicale bien ouverte, jamais recouverte*. Test finement treillissé en dessus (sauf le sommet qui est lisse) par de délicates striations spirales et transversales, qui disparaissent en dessous. 5 tours convexes-arrondis. Suture profonde. Dernier tour, vers l'ouverture, légèrement déclive. Ouverture médiocrement oblique, ovale dans une direction subtransversale-oblique de haut en bas, et faiblement anguleuse supérieurement. Péristome continu, épais, obtus et un tant soit peu dilaté du côté du bord externe. Bord columellaire présentant, du côté de l'ombilic, une saillie anguleuse qui ne recouvre en rien la cavité ombilicale ; — haut. 17, diam. 37 mill.

Espèce abondante dans l'île de Socotora.

Otopoma clathratulum. — Cyclostoma clathratulum, *Sowerby*, Thesaurus, n° 17, p. 97, pl. xxiii, fig. 15-16, 1842; — et, *L. Pfeiffer*, Cycl. in : 2ᵉ édit. Chemnitz, p. 38, pl. v, fig. 5-7, 1846. — Otopoma clathratulum, *L. Pfeiffer*, Mon. Pneumonop viv., 1852, p. 164 (exclud. synon. Cycl. clathratula de Recluz).

Je retranche de cette espèce le *Cyclostoma cathratula* de Recluz (1), qui est une forme *non adulte* d'un cyclostomidœ quelconque de l'île de Socotora.

Chez cette forme, figurée et décrite par Recluz, le péristome n'est pas formée; il est tranchant ; le bord colu-

____

(1) Rev. zool. soc. cuv. p. 3, 1843, et, mag. zool., pl. lxxiv, 1843.

mellaire ne possède aucun des caractères d'un bord
achevé; enfin le dernier tour (dont la lèvre est très mince),
à l'insertion du bord externe, est rectiligne au lieu d'être,
comme chez toutes les autres espèces de ce genre, ou
subitement ascendant, ou brièvement descendant. Recluz,
du reste, était dans le doute, lorsqu'il a fait la description
de sa *clathratula.* « Cette espèce, dit-il, est peut-être une
coquille à l'état de jeune âge ». Il est donc sage de rejeter
cette forme, qui, en somme, ne ressemble nullement au
Cyclostoma clathratulum de Sowerby et de L. Pfeiffer.

Le *clathratulum* de Sowerby, d'une teinte brunâtre
carnéolée et souvent flammulée, en outre, de bandes
foncées, est très élégamment treillissé en dessus par des
striations saillantes et serrées. Ses cinq tours convexes,
à croissance rapide, sont séparés par une suture bien
accentuée. Ses tours supérieurs sont nuancés, le long de
la suture d'une bande noire. Son dernier tour bien ventru-
arrondi, est lisse en dessous. Son ouverture oblique,
ovalaire, supérieurement anguleuse, est intérieurement
teintée d'un jaune légèrement rougeâtre. Son péristome
continu (1), droit, médiocrement épais, se dilate à peine
au bord columellaire et *ne recouvre nullement l'ombilic,
qui est étroit et en forme d'entonnoir*. Son opercule,
testacé, n'a guère que deux spirales qui s'accroissent avec
la plus grande rapidité.

Cette espèce a été recueillie dans l'Yemen en Arabie.
C'est à tort qu'elle a été signalée dans l'île de Socotora.
Celle qui vit dans cette île est la suivante.

(1) Les bords se touchent par suite d'une forte callosité.

Otopoma Socotranum. — Otopoma clathratulum *Var*. socotrana. *Godwin-Austen*, on the land shells of the island of Socotra, in : Proceed. zool. soc. of London 1881, p. 254, pl. xxvii, fig. 4.

Coq. très globuleuse, conoïde, à *ombilic étroit, jamais recouvert*. Test blanc d'une légère teinte pourpre plus foncée vers le sommet, et élégamment orné de striations spirales saillantes sur les tours supérieurs (1), coupées par d'autres striations transverses, qui deviennent, sur les tours médians, presque obsolètes; enfin, qui finissent par disparaître sur le dernier. Spire conoïde. 4 tours bien arrondis-ventrus. Suture profonde. Ouverture légèrement oblique (2), presque ronde (3), avec une partie anguleuse supérieurement. Péristome continu, presque détaché de l'avant-dernier tour, non réfléchi, obtus et assez épaissi du côté externe. Bord columellaire suboblique, presque droit, avec une légère tendance à la saillie anguleuse du côté qui regarde la cavité ombilicale. Opercule testacé, à 3 spirales qui s'accroissent rapidement. Nucléus sub-central ; — haut. 14, diam. 28 1/2 millim.

Abondante dans l'île de Socotora.

A la suite de cette espèce, M. Godwin-Austen mentionne et décrit (p. 255) sous l'appellation d'*Otopoma clathratulum, var. minor*, une petite forme (haut. 17, diam. 18 mill.), également de Socotora, excessivement conoïde, puisqu'elle est presque aussi haute que large.

(1) Sauf le tour embryonnaire qui est lisse.
(2) D'après Godwin-Austen, elle serait subverticale.
(3) Godwin-Austen dit « oval ».

Cette variété *minor*, qui pourrait bien être une forme spéciale, a un petit ombilic ouvert.

A cette espèce, s'arrêtent les Otopoma que j'avais à faire connaître. Jusqu'à présent **M. G.** Révoil n'en a pas encore découvert dans le pays des Çomalis ; les deux espèces trouvées, en effet, par ce voyageur et publiées, en février 1881, sous le nom d'Otopoma, appartiennent au genre suivant.

GEORGIA·

Les espèces que je comprends dans cette nouvelle coupe générique, à laquelle j'attribue le prénom du voyageur Georges Révoil, sont caractérisées par *un ombilic entièrement recouvert,* par suite de l'expansion insolite du bord columellaire, expansion qui se développe même sur une grande partie du tour inférieur.

Les Georgia possèdent un test ventru-conoïde, à tours très bombés arrondis, à spire turbinée ; une ouverture presque toujours circulaire ; un péristome non continu, se distinguant par un de ses bords (le columellaire) arrivant en contrebas du point d'insertion de son autre bord (l'externe).

Chez les Otopoma véritables, le péristome est continu ou subcontinu. Dans le premier cas, les bords péristomaux, à leur point de jonction, se rejoignent sur un plan au même niveau ; dans le second cas ils se réunissent par l'entremise d'une callosité plus ou moins épaisse.

Chez les *Georgia*, ce n'est pas cela ; le bord du côté columellaire ne se rejoint pas au bord externe, mais il aboutit sur la convexité pariétale, *en dessous* du bord externe, et ne parvient à se réunir à lui que par suite d'une inflexion-remontante de la callosité.

L'opercule diffère également de celui des Otopoma.

Intérieurement, cet opercule est concave (1), presque lisse et entièrement recouvert par une membrane mucilagineuse fort mince qui cache l'enroulement des spirales. Ces spirales, au nombre de 4, s'accroissent régulièrement et avec bien moins de rapidité que sur la surface externe, où elles sont embrassantes, en se recouvrant en partie les unes ies autres, sauf la dernière.

Extérieurement, cet opercule est convexe ; on remarque à son centre, un nucléus percé à jour (2) ; puis, à partir de ce trou nucléoïde, des spirales, à croissance d'abord lente, ensuite très rapide, caractérisées, le long de la suture, par un épaississement de plus en plus accentué jusqu'à la fin du dernier tour ; où, cet épaississement se prolonge encore, l'espace d'un tiers de tour en devenant de plus en plus saillant, sous une apparence virguliforme.

La suture des spirales est profonde et comme canaliculée.

Ainsi : *du côté interne*, surface concave ; spirales à croissance régulière, sans éminences ni renflements ; mem-

<hr>

(1) C'est par erreur que M. Petit a dit que l'opercule de la *Guillaini* était concave extérieurement.

(2) Ce trou a passé jusqu'à présent inaperçu, parce qu'il est bouché, du côté externe, par la membrane mucilagineuse.

brane mucilagineuse recouvrant le tout ; au centre un nucléus à jour, lorsque la membrane est enlevée. — *Du côté externe*, à partir du trou nucléoïde, qui est presque central, 4 spirales, à croissance rapide, saillantes-épaisses le long d'une suture canaliculée et se terminant par une languette virguliforme proéminente.

Les espèces de cette nouvelle coupe générique, qui ont été constatées (sous le nom d'Otopoma), dans les régions les plus voisines du pays des Çomalis, soit dans le sud de l'Arabie, soit dans l'île de Socotora ou même un peu au midi des côtes çomaliennes, comme Mogadoxa, par exemple, sont les suivantes.

Georgia Naticoides. — Cyclostoma naticoides *Recluz*, in : Rev. soc. cuv. 1843, p. 3 ; et, in : Mag. zool. pl. LXXIII (optima) 1843 ; et, *L. Peiffer*, Cycl. in : 2ᵉ édit. Chemnitz, p. 37, pl. v, fig. 1-4 1846, et, Pneumonop. viv. 1852, p. 181 (Excl. syn. *Turbo foliaceus* de la première édit. et le *Cyclost. foliaceum* de la pl. iv, fig. 10-11 de la deuxième édition de Chemnitz).

Grande et belle espèce (haut. 35, diam. 41 mill.) de l'île de Socotora, où elle a été découverte par le capitaine Jehenne.

Coq. conoïde-globuleuse, à test solide, épais, d'un blanc rosé. Spire conique, à sommet obtus et planulé. 5 tours et demi convexes, à croissance rapide, séparés par une suture assez profonde : les premiers finement et légèrement treillissés ; le dernier ventru, orné de plis spiraux plus ou moins accentués, assez régulier et trans-

versalement sculpté par d'autres plis plus étroits, subai-
gus et irrégulièrement espacés. Ouverture peu oblique,
presque ronde, intérieurement d'un jaune-orangé-bru-
nâtre, brillante et épaissie à son bord externe. Péristome
épais, subréfléchi, dilaté à l'endroit columellaire en une
forte cloison qui recouvre tout l'ombilic. Bords réunis
par une callosité blanche. Opercule épais, plan, un peu
bombé, anguleux supérieurement, à 4 spirales s'accrois-
sant avec rapidité.

Georgia Austeni, *Bourguignat.* — Otopoma
naticoides (1) *Godwin-Austen*, On the land shells of the
isl. Socotra, in : Proceed. zool. soc. London, p. 252,
pl. xxvii, f. 1, février **1881**.

Cette superbe espèce se distingue de la *naticoides,* par
sa forme moins haute, moins conoïde, plus largement
développée dans le sens transversal. Ainsi, cette forme a
31 mill. de haut sur près de 60 de diamètre, tandis que
la vraie *naticoides* a 35 de haut sur 45 de large.

Elle se distingue encore par sa spire moins conique-
élancée ; par son ouverture non ronde mais ovale développée dans une direction transversale légèrement oblique de gauche à droite ; par son test moins fortement
strié et plissé ; par son bord externe présentant en avant,
lorsqu'on le regarde de profil, une sinuosité que l'on
ne remarque point chez la *naticoides* de Recluz.

D'après Godwin-Austen, le sommet est ordinairement
tronqué.

(1) **Non** Otopoma (Cyclostoma), naticoides de Recluz.

Cette espèce, à laquelle j'attribue le nom du savant malacologiste Godwin-Austen, vit dans l'île de Socotora.

Georgia Guillaini. — Cyclostoma Guillaini, *Petit,* in : Journ. Conch., 1, 1850, p. 51, pl. ɪv, fig. **3**.

On trouve dans la seconde édition de Chemnitz un Cyclostomidæ décrit et figuré (pl. xxxɪv, fig. **7-8**), par **L.** Pfeiffer sous le nom d'*Otopoma Guillaini*, qui ne ressemble pas du tout à l'espèce de M. Petit. Cette coquille de Pfeiffer, en effet, sans compter une forme un peu plus conique-globuleuse, possède, bien qu'adulte, un ombilic *non* recouvert, et se distingue, en outre, par un bord columellaire fort peu dilaté, imitant celui des Rochebrunia. Ce *Cyclostomidæ* vit, en compagnie de la vraie Guillaini, aux environs de Mogadoxa.

La *Guillaini* de Petit est une coquille globuleuse, conique, *à ombilic complètement recouvert* (1) ; son test d'un blanc bleuâtre, solide, est finement treillissé par des lignes spirales et transversales ; ses tours au nombre de **5 à 6**, sont convexes et le dernier, notamment, est bien ventru-arrondi ; son ouverture circulaire, à peine anguleuse au sommet, est intérieurement d'un jaune d'ocre ; son péristome épais, obtus, bordé extérieurement par un bourrelet circumapertural, est dilaté à l'endroit colu-

---

(1) Dans l'état de jeunesse, cette espèce, comme, du reste, toutes les Géorgies, offre un ombilic ouvert ; mais dans l'état adulte, il est toujours entièrement fermé. Chez les vrais Otopoma et chez les Rochebrunia, la cavité ombilicale n'est jamais recouverte, même dans l'état de vieillesse.

mellaire en une cloison qui recouvre tout l'ombilic ; enfin son opercule calcaire, extérieurement convexe à 4 spirales, possède un nucléus subcentral.

Cette espèce a **25** millim. de hauteur sur **26** de diamètre.

Georgia clausa. — Cyclostoma clausum, *Sowerby*, Thesaurus, n° **104**, p. **128**, pl. xxxi, fig. **266-267**, — et, *L. Pfeiffer*, Cycl. in : **2°** édit. Chemnitz, p. **147**, pl. xx, f. **13-15**. — Otopoma clausum, *Gray*, cat. Cycl. p. **36**, **1850**, et, *L. Pfeiffer*, Monogr. pneumonop. p. **179** et **180** (excl. var. B), **1852**.

Petite espèce (haut. **8**, diam. **1½** mill.) à ombilic complètement fermé, de forme peu convexe comme écrasée, à test solide d'un blanc carnéolé, lisse en dessous, et sillonné en dessus par de fines striations spirales. Spire obtuse-déprimée, à sommet d'une teinte marron ; 4 tours à peine convexes, à croissance rapide, séparés par une suture superficielle ; dernier tour légèrement plan en dessous, offrant en dessus une direction descendante. Ouverture oblique, ovale-arrondie, faiblement anguleuse supérieurement, d'une teinte jaune à l'intérieur. Péristome non continu, simple, droit, dilaté à l'endroit columellaire en une cloison qui recouvre tout l'ombilic. Opercule testacé, paucispiré, à spirales saillantes et costulées. — De Yémen, en Arabie.

Georgia yemenica, *Bourguignat*. — Cyclostoma clausum, *var.* B. *L. Pfeiffer*. Pneumonop, viv. p. **180**, **1852** ; et, Cycl. in : **2°** édit, de Chemnitz, p. **330**, pl. xlii, f. **13-15**, **1853**.

Forme plus petite que la précédente (haut. **7 1/2,**
diam. **12 1/2** mill.) se distinguant du *clausum* type, par
une spire plus convexe, non écrasée ; par une ouverture
plus ronde ; par un dernier tour à peine descendant
supérieurement ; par un test lisse en dessus et en dessous,
et orné d'une bande rougeâtre. — De l'Yémen en
Arabie.

J'ai maintenant à faire connaître cinq Géorgies çomaliennes, y comprises les deux espèces (*Perrieri* et *Poirieri*) publiées, en février **1881,** sous l'appellation
d'Otopoma, dans mon Mémoire sur les Mollusques recueillis chez les Medjourtin par M. G. Révoil, dans son
précédent voyage.

Ces Géorgies peuvent se répartir en deux séries, d'a-
près leur bord péristomal :

1° En espèces possédant un péristome *non réfléchi*,
mais obtus, droit, orné extérieurement d'un bourrelet
circumapertural plus ou moins accentué (naticopsis,
Guillaini) ;

2° En espèces offrant un péristome *réfléchi* (Perrieri,
Poirieri et Revoili).

GEORGIA NATICOPSIS (fig. 43-48).

Testa inumbilicata (umbilicus callo columellari semper
omnino tectus ; — callus columellaris nitidissimus, lœvi-
gatus ac concavus), magna, ventroso-conoidæa, solida,
nitida, candida aliquandò supra obscure subcarneolo-
cinerea et subtus albida, aut interdum zonula fusca suturam sequente in supremis anfractibus ornata, — et

eleganter costulis transversalibus spiralibusque clathrata
(costulæ ad supremos subtiles, in medianis validiores ac
in ultimo crassæ, distantes obsoletæque et prope aperturam inter concavitates in quincumcem dispositas sat
valide malleata) ;— spira conoidea ad summum obtusiuscula ; apice valido, prominente, lœvigato ; — anfractibus
5 tumido-rotundatis, celeriter crescentibus, sutura impressa separatis; ultimo amplo, dimidiam altitudinis
superante, superne regulariter lenteque descendente,
subtus in loco umbilici omninò tecti relative concavo ; —
apertura sat obliqua, piriformi-rotundata, superne angulata, intus ocracea ; — peristomate candido, recto, obtuso, extus plus minusve marginato (margo obtusus);
margine columellari in lamina lata fornicatim umbilicum omninò claudente et in convexitate ultimi late ad-
spresso ; marginibus callo candido-eburneo ac nitidissimo
junctis ; alt. **28**, diam. **30**, alt. apert. **17** millim.

J'ai donné (figures **46-48**) la représentation exacte de
l'opercule.

Cette Géorgie varie beaucoup comme taille. J'en connais qui n'ont que **19** de haut sur **20** de diamètre. Les
grandes viennent de la vallée du Darrar ; les plus petites
de Fararalé chez les Çomalis Dolbohantes.

GEORGIA GUILLAINI (fig. 49).

Je rappelle ici la *Guillaini*, dont j'ai donné ci-dessus
les principaux caractères, pour dire qu'elle a été recueillie
morte dans les sables de la côte entre Olok et la lagune
de Tohen.

Parmi les échantillons rapportés par M. G. Révoil, il y en avait quelques-uns d'une taille un peu plus forte que celle du type, de même qu'il s'en trouvait quelques autres d'une forme plus petite. Malgré ces différences de grandeur, tous ces échantillons m'ont paru bien semblables à la *Guillaini* de Mogadoxa.

Je ferai remarquer que la vraie *Guillaini* décrite par M. Petit possède un bord péristomal obtus, pourvu seulement extérieurement d'un bourrelet circumapertural (labio incrassato extus marginato, dit Petit), et non un péristome réfléchi, ainsi que l'indique L. Pfeiffer (Monogr. pneumonop. viv., p. 182, 1852). Cette *Guillaini* de Pfeiffer, comme je l'ai dit plus haut, ne peut être rapportée à cette espèce; elle ressemble plutôt à une Rochebrunia.

Les trois Géorgies de la seconde série, qui se séparent nettement de celle de la première par leur péristome réfléchi, peuvent assez facilement être distinguées entre elles en quelques mots :

Ainsi : Deux espèces (*Perrieri* et *Poirieri*) d'assez forte taille, dont l'une est caractérisée par une suture canaliculée et l'autre par une suture ordinaire; enfin, une troisième (*Revoili*) assez petite, remarquable par l'exiguité de ses tours supérieurs, en comparaison du développement de son dernier tour.

GEORGIA PERRIERI (fig. 50-51).

Otopoma Perrieri, *Bourguignat*, Moll. rec. en Afrique dans le pays des Çom. Medj., p. 4, 1881.

Testa inumbilicata (umbilicus callo columellari semper omnino tectus), magna, subdepresso-globosa, superne
conoidæa, solida, nitida, candida, superne striis (summo
excepto) argutis confertisque, transversalibus et spiralibus
(in ultimo prope aperturam subevanidis) elegantissime
clathrata; — spira convexo-conoidali, ad summum obtusa; apice valido, prominente, leviter mamillato, lævigato; — anfractibus 5 convexis, celerrime crescentibus,
sutura impressa separatis; — ultimo maximo, rotundato-
ventroso, dimidiam altitudinis superante, superne cla-
thrato, inferne obsoletissime transverse striatulo aut fere
sublævigato, ad insertionem labri descendente ac subito
valide ascendente; — apertura leviter obliqua, exacte
rotundata, superne vix subangulata; — peristomate continuo, obtuso, undique leviter reflexiusculo, extus obtuse
marginato; margine columellari in lamina lata umbilicum
omnino fornicatim claudente et in convexitate ultimi late
expanso; — alt. 20, diam. 26 millim.

Cette espèce, à laquelle j'ai attribué le nom de notre
ami M. Edmond Perrier, professeur à la chaire de malacologie du Muséum d'histoire naturelle de Paris, a été
recueillie entre Tohen et le cap Gardafui.

GEORGIA POIRIERI (fig. 54-56).

Otopoma Poirieri, *Bourguignat*, Moll. rec. en Afrique
dans le pays des Çom. Med., p. 6, 1881.

Testa inumbilicata (umbilicus callo columellari semper
omnino tectus), globosa, conoidæa, solida, nitida, candido-

sublutescente, transverse argute striatula ac superne lineolis spiralibus (summo excepto), circa suturam validioribus, eleganter clathrata ; — spira producta, conica, ad summum obtusa ; apice valido, lævigato, submamillato ; anfractibus 5 convexo-rotundatis, sicut solutis, celeriter crescentibus, sutura *canaliculata* separatis ; — ultimo magno, globoso, rotundato, dimidiam altitudinis superante, superne ad insertionem regulariter descendente ; — apertura parum obliqua, fere rotundata, superne angulata, altiore quam latiore ; peristomate continuo, obtuso, leviter subreflexiusculo ; margine columellari umbilicum fornicatim omnino claudente ; — alt. **20**, diam. **23** millim.

Cette Géorgie, dédiée à M. Justin Poirier, aide-naturaliste à la chaire de malacologie du Muséum de Paris, est caractérisée par des tours un peu détachés par suite de la suture canaliculée ; par ses linéoles longitudinales plus serrées, moins distantes les unes des autres et, en outre, plus saillantes, notamment celles qui avoisinent la suture, que celles de la Perrieri.

Cette espèce se distingue encore de la *Perrieri* par sa taille plus haute, moins large dans le sens transversal ; par sa spire plus conique, plus élevée ; par ses tours supérieurs moins exigus ; par sa croissance moins rapide, plus régulière ; par son dernier tour plus globuleux, moins porté en dehors que celui de la *Perrieri*, et offrant supérieurement une direction descendante assez prononcée ; par son ouverture plus haute que large et moins régulièrement circulaire ; par son bord columellaire non aussi largement dilaté, bien que recouvrant également toute la cavité ombilicale.

Cette Géorgie provient de la vallée du Darrar, chez les Dolbohantes.

GEORGIA REVOILI (fig. 52-53).

Testa inumbilicata (umbilicus concavus, callo colu-mellari semper omnino tectus), sat gracili, conoidæa, subopacula, nitida supra obscure griseo-lutescente, subtus subcandida, argutissime striatula ac lineolis spiralibus sicut in specie precedente, solùm confertioribus, eleganter clathrata ; — spira producto-conoidea, ad summum obtusa; apice valido, lævigato, sicut mamillato; — anfractibus 5 convexo-rotundatis, velociter crescentibus, sutura impressa separatis; — ultimo maximo, rotundato-ventroso, 2/3 altitudinis superante, superne ad inser-tionem labri ascendente, subtus in loco umbilici concavo ; — apertura leviter obliqua, ampla, fere circulari, superne vix angulata, intus obscure subluteola; — peristomate continuo, obtuso, incrassato, reflexiusculo ; margine columellari umbilicum fornicatim omnino claudente ; — alt. **16**, diam. **19**, alt. apert. **11** millim.

Cette espèce, que je me fais un plaisir de dédier à **M. G. Révoil**, est remarquable par son dernier tour relativement très grand, en comparaison des autres qui sont grêles, peu développés en hauteur et assez exigus ; par son ouverture très ample, bien circulaire, dépassant un peu plus des deux tiers de la hauteur totale de la coquille ; par son ombilic, qui, tout en étant entièrement cloisonné, offre une concavité assez profonde.

Cette Géorgie a été trouvée à **Fararalé**, chez les Çomalis Dolbohantes.

ROCHEBRUNIA.

Les Cyclostomidæ que je range dans cette coupe générique, à laquelle j'ai donné le nom de notre ami, M. Tremeau de Rochebrune (1), aide-naturaliste à la chaire de malacologie du Muséum de Paris, sont les anciennes espèces classées, *avec doute*, parmi les Otopoma.

Ces espèces remarquables par leur forme turbinée-conique, ordinairement aussi haute que large (2), sont caractérisées par des tours sphériques bien bombés à croissance normale, dont le dernier n'égale pas, sauf chez une ou deux, la moitié de la hauteur; par leur bord columellaire médiocrement dilaté, *ne recouvrant jamais l'ombilic,* et, *ne possédant pas cette saillie anguleuse* qui distingue celui des vrais *Otopoma,* saillie parfaitement comprise et représentée sur la planche xxvii du Mémoire (3) de M. Godwin-Austen.

Opercule d'une nature calcaire, perforé à son centre,

(1) Moll. terr. et fluv. recueillis en Afrique dans le pays des Çomaiis Medjourtin, p. 7. — C'est par suite d'une faute typographique que, dans ce mémoire, le nom de M. de Rochebrune a été imprimé avec deux N.

(2) Chez les vrais *Otopoma,* le diamètre dépasse relativement de beaucoup la hauteur.

(3) On the land shells of the island of Socotra.

comme celui des *Georgia* (1), offrant : *intérieurement* (2),
une surface à peine concave, sur laquelle on remarque
trois tours spirescents peu marqués, et, à la région cen-
trale, un méplat autour de la partie perforée ; et, *extérieurement,* une surface plane au centre, puis une arête
spirescente, d'abord filiforme, devenant ensuite de plus
en plus saillante et épaisse, enfin, finissant par devenir
une forte côte presque aiguë, se terminant par une
saillie virguliforme formant arc de cercle.

Cette arête spirale, au niveau du demi-tour virguliforme, atteint un peu plus d'un millimètre de saillie.

Sans compter cette arête, on en remarque encore une
autre filiforme s'étendant sur une notable partie de la
périphérie.

Les espèces de ce nouveau genre, qui toutes avaient
été classées, *avec doute*, parmi les *Otopoma*, parce qu'on
ne savait où les placer, sont au nombre de onze. Ces
Cyclostomidæ paraissent, bien qu'on ignore la provenance
de plusieurs d'entre eux, des formes spéciales à l'île de
Madagascar et aux contrées oriento-littorales de l'Afrique,
de Zanzibar au cap Gardafui.

(1) Cette perforation n'est pas saisissable, lorsqu'elle est recouverte par la membrane mucilagineuse qui s'étend sur toute la face
interne, aussi ne l'ai-je pas mentionnée dans mon Mémoire sur les
mollusques du pays des Çomalis Medjourtin, publié en février
1881.

(2) C'est par suite d'une erreur typographique, que l'on a imprimé dans mon Mémoire ci-dessus cité (page 8, ligne 1) extérieurement pour intérieurement, et (ligne 4) intérieurement au lieu
d'extérieurement.

Rochebrunia Philippiana. — Cyclostoma Philippianum, *L. Pfeiffer*, Cycl. in : **2ᵉ** édit. Chemnitz, p. 340, n° 356, pl. xxxxiv, f. 23-24, 1853. — Otopoma? Philippianum, *L. Pfeiffer*, Consp. Cycl., 1852, n° 266, p. 61; et, Monogr. pneumonop. viv., 1, 1852, p. 183.

Cette espèce, dont l'habitat est inconnu, est une coquille globuleuse-conoïde, à tours bien circulaires, dont le dernier n'atteint pas la moitié de la hauteur totale. D'après les figures 23-24 de la planche xxxxiv des Cyclostomidæ de L. Pfeiffer, figures qui paraissent fort bien faites, le diamètre (25 mill.) est inférieur d'un millimètre à la hauteur (26 mill.) du test; bien que, dans sa description, L. Pfeiffer donne à cette espèce, 26 de diamètre contre 22 de hauteur.

Le bord columellaire ne possède pas de saillie anguleuse.

Cette *Phillippiana* a été ainsi caractérisée : « Testa umbilicata, globoso-turbinata, tenuis, striatula superne lineis subtilibus decussatula, fulvido-albida, fasciis 3-4 angustis rufis superne ornata; spira turbinata, apice nigricans; anfr. 5-5 1/2 rotundati, ultimus infra medium fascia latiore cinctus, basi lævigatus, albus; apertura parum obliqua, subangulato-circularis, intus concolor; perist. subinterruptum, marginibus callo tenui junctis, dextro recto, columellari dilatato, libere reflexo, umbilicum angustum, pervium semioccultante. » Pfeiffer.

Rochebrunia Coquandiana. — Cyclostoma Coquandiana, *Petit*, in : Journ. conch., 1852, p. 417, pl. xii, fig. 2. Otopoma? Coquandianum, L. Pfeiffer in : Malak. Blätt., 1854, p. 91; et, Monogr. pneumonop. viv., supplem., 1858, p. 111.

Grande espèce (haut. **28**, diam. **22** mill.) globuleuse, très conoïde, à spire acuminée, dont le dernier tour n'atteint pas la moitié de la hauteur.

Test lisse en apparence, possédant néanmoins de très fines stries obliques transversales, que viennent couper quelques lignes spirales à peine perceptibles ; **6 à 7** tours bien ronds, dont les supérieurs décroissent rapidement jusqu'au sommet, qui est aigu, et le dernier, ventru-sphérique, est orné de deux bandes d'un brun clair (la supérieure plus large que l'inférieure); ouverture circulaire, à péristome non continu, mais se continuant, grâce à une callosité médiocre. Bord externe épais, entouré extérieurement par un bourrelet; bord columellaire plus robuste, assez épais, sans trace de saillie anguleuse. Ombilic étroit.

On ne connaît ni l'opercule ni la patrie de cette espèce, que l'on présume provenir de Madagascar.

Rochebrunia vitellina. — Cyclostoma vitellinum, *L. Pfeiffer*, in : Proceed. zool. soc., **1852**, p. **64** ; et, Cyclost. in : 2° édit. Chemnitz, n° **353**, pl. xxxxiii, fig. 35-36, 1853; et, Otopoma? vitellinum, *L. Pfeiffer*, Consp. Cycl., n° **268**, p. **61**, **1852**; et, Mon. pneum. viv., **1**, **1852**, p. **184**.

D'après les figures de la seconde édition de Chemnitz, cette espèce est un peu plus haute que large (haut. **20**, diam. **19** mill.), et le dernier tour égale juste la moitié de la hauteur. « Testa umbilicata, globoso-conica, solida, striis incrementi confertis et liris confertissimis scabre decussata, flavido-rubella, pallidius irregulariter strigata ;

spira elevato-conica, apice nigrescens, obtusula; anfr.
5 convexi, ultimus rotundatus, infra medium sublævigatus, in umbilico angusto pervio spiraliter sulcatus ; apertura vix obliqua, ovali-rotundata ; perist. simplex, marginibus approximatis, callo junctis, dextro subrepando, recto, sinistro medio dilatato, patente. — Madagascar. »
L. Pfeiffer.

Rochebrunia polita. — Cyclostoma politum, *Sowerby*, Thes. conch. 1842, n° 18, p. 97, pl. xxiii, fig. 17; et, *L. Pfeiffer*, Cycl. in : 2° édit. Chemnitz, n° 167, p. 155, pl. xxi, fig. 13-14, 1853. — Otopoma politum, *Gray*, Cycloph. p. 37, 1850. — Otopoma? politum, *L. Pfeiffer*, Consp. Cycl. n° 271, 1852; et, Monogr. pneumonop. viv., 1, 1852, p. 186.

Espèce globuleuse-conoïde, un peu plus large (haut. 15, diam. 16 mill.) que haute.

« Testa perforata, conico-globosa, crassiuscula, polita, castanea, maculis parvis fulvidis vel cœrulescenti-albidis confertim guttata ; spira conoidœa, obtusiuscula; anfr. 4 1/2 convexiusculi, ultimus antice pallidus; apertura subcircularis, intus pallida ; perist. rectum, obtusum, marginibus superne angulatim junctis, columellari incrassato, umbilicum haud pervium non occultante. — Patria ignota. » *L. Pfeiffer*.

Rochebrunia Guillainopsis. — Cyclostoma Guillaini (non Petit), *L. Pfeiffer*, Cycl. in : 2° édit. Chemnitz, n° 234, pl. xxxiv, fig. 7-8, 1853.

Cette espèce, à ombilic *ouvert*, ne peut être rapportée

à la vraie *Guillaini* de Petit (1), qui est une forme du genre *Georgia* (voir page 69).

Ce Cyclostomidæ, sans compter son ombilic *non* recouvert, se distingue, en outre, de l'espèce de Petit par son test plus épais, plus crétacé, et un peu moins développé dans le sens du diamètre ; par une spire plus élevée, plus conique ; par ses tours plus ventrus-arrondis, par son ouverture plus circulaire, dont le bord columellaire ne s'évase pas sur la perforation qui reste ouverte. Cette coquille vit en compagnie de la *Guillaini*, aux environs de Mogadoxa.

Rochebrunia Grandidieri. — Cyclostoma (Otopoma?) Grandidieri, *Crasse* et *Fischer*, in : Journ. conch. 1868, p. 185, pl. vii, fig. 3 ; et, Otopoma? Grandidieri, *L. Pfeiffer*, Monogr. pneumonop. viv. suppl. III, 1876, p. 169.

Cette forme, qui a été trouvée à l'état fossile ou plutôt subfossile, par le savant voyageur, M. A. Grandidier, dans des dunes près du cap Sainte-Marie, au sud de Madagascar, a été ainsi caractérisée : « Testa umbi - cata, globoso-turbinata, sat tenuis, longitudinaliter striatula, lineis spiralibus, confertis subtiliter decussatula ; spira turbinata ; sutura impressa ; anfr. 5 1/2 convexi, embryonales primi 1 1/2 læves, ultimus rotundatus, lineis spiralibus supra medium subtilibus, confertis, infra medium subdistantibus, obsoletissimis decussatus ; apertura parum obliqua, subangulato-rotundata ; perist. sub-inter-

(1) In : Journ. conch. 1, 1850, p. 51, pl. iv, f. 3.

ruptum, marginibus çallo crassiusculo junctis, columellari dilatato, libere reflexo, imprimis versus medium expanso, umbilicum angustum semioccultante, basali et dextro rectis, vix subincrassatis, attenuatis ; — diam. 18, alt. 16 mill. »

Je ferai remarquer que, d'après la fig. 3 de la planche VII du Journal de conchyliologie, cette espèce est aussi haute que large. La mensuration accuse, en effet, 19 mil. en hauteur et en diamètre, mensuration qui est en contradiction avec celle donnée par les auteurs.

Rochebrunia tricolor. — Cyclostoma tricolor, *L. Pfeiffer*, neue Cycl. in : Zeitsch. f. Malak., 1849, p. 128. Cyclostoma gratum, *Petit*, in : Journ. conch., I, 1850, p. 53, pl. III, fig. 10 (très grossie) ; et, Cyclostomus ? gratus, *L. Pfeiffer*, consp. Cycl., n° 339, 1852 ; et, Monogr. pneumonop. viv. ; I, 1852, p. 231 ; et, Cyclostoma? gratum, *L. Pfeiffer*, Cycl. in : 2ᵉ édit. Chemnitz, n° 236, pl. XXXIV, fig, 11-12, 1853 ; enfin, Otopoma ? gratum, *L. Pfeiffer*, Mon. pneumonop. viv., suppl., III, 1876, p. 169.

Très petite espèce (haut. 7, diam. 5 millim.), d'abord signalée à Zanzibar, puis à l'île d'Alb-el-Goury, enfin à Socotora. Sa véritable patrie paraît être, en somme, l'île d'Alb-el-Goury.

Cette coquille conique-turriculée, dont le dernier tour n'atteint pas la moitié de la hauteur, a été ainsi caractérisée : « Testa perforata, oblongo-conica, solida, lineis elevatis spiralibus et longitudinalibus confertissimis subtiliter decussata, nitidula, carnea ; spira scalari-conica, apice obtusiusculo, purpureo ; anfr. **5** convexi, ultimus basi planiusculus, ad peripheriam et circa perforationem subangulatus ; apertura obliqua, subcircularis, superne angulata, intus ignea ; perist. simplex, continuum, rectum, margine sinistro superne breviter expanso, inferne subreflexo ; — long. **7**, diam. **5**, ap. longa, **3** millim. »

Rochebrunia conica. — Otopoma conicum *God-win-Austen*, Land shells of the island Socotra, in : Proceed. zool. soc. London, **1881**, p. **255**. pl. **xxviii**, f. **1**, (grossie).

Assez petite espèce (haut. de l'axe seulement **7**, diam. max. **11** millim.) presque aussi haute que large, étroitement ombiliquée, de forme conoïde, à test solide, blanchâtre, très élégamment sillonné par des lignes spirales (très accentuées à la région ombilicale), que viennent couper d'autres petites linéoles transversales, beaucoup plus délicates; spire conique, à sommet aigu; **5** tours ronds, dont le dernier offre supérieurement une légère direction descendante; ouverture faiblement oblique, circulaire, anguleuse à sa partie supérieure, entourée d'un péristome presque aigu, droit, dont le côté columellaire, un peu plus robuste, n'est pas réfléchi.

Cette *conica* a été trouvée aux environs du village de Gollonsir, dans l'île de Socotora.

Rochebrunia turbinata. — Otopoma turbinatum, *Godwin-Austen*, Land shells of the island Socotra, in : Proceed. zool. soc. London, **1881**, p. **255**, pl. **xxviii**, f. **2** (très grossie).

Ce très petit Cyclostomidæ (haut. de l'axe seulement 5, diam. max. 8 1|2 millim.), qui a été recueilli dans l'île de Socotora, sur une montagne calcaire (alt. 2.000 pieds anglais), où il vit sur les troncs de *Dracæna cinnabari*, possède une coquille plus largement ombiliquée que celle de la *conica*. Son test conique, d'une teinte blanchâtre, est très finement sillonné de petites lignes spirales très régulières, qui disparaissent presque aux abords de l'ombilic; spire élevée-conique; 4 tours 1|2 bien sphériques, séparés par une suture profonde; ouverture presque circulaire fort peu anguleuse supérieurement; péristome mince, droit, un tant soit peu évasé sur le côté columellaire.

Les deux *Rochebrunia* découvertes par M. G. Révoil, dans le pays des Çomalis, sont les suivantes.

ROCHEBRUNIA OBTUSA (fig. 60-61).

Otopoma? obtusum, *L. Pfeiffer*, in : Malak. Blätt, IX,
    1862, p. 202; et, in : Novit. conch; ii, p. 226,
    n° 329, pl. liv. f. 3-4, 1863; et, Monogr.
    pneumonop. viv., supplém., 1865, p. 123.
Rochebrunia obtusa, *Bourguignat*, Moll. rec. en Afr.
    dans le pays des Çomalis Medjourtin, p. 7,
    fév. 1881.

Testa umbilicata (umbilicus profundus angustus), globoso-turbinata ac conoïdæa, solidula, nitida, lævigata aut lævissime in supremis spiraliter striatula (striæ in ultimis evanidæ), carneola ac zonula mediana castaneaque, in ultimis duobus decurrente, cincta ; — spira conica, ad summum obtusa ; apice lævigato, obtuso, nigro-marginato ; — anfractibus 4 1|2-5 perconvexis, regulariter crescentibus, sutura impressa separatis ; — ultimo mediocri, exacte rotundato, dimidiam altitudinis vix attingente, superne prope insertionem labri leviter subascendente ; — apertura parum obliqua, circulari, superne subangulata ; peristomate fere continuo (marginibus valido callo junctis), recto, leviter subpatulo ; margine columellari validiore, arcuato, dilatato ac subfornicato-reflexo, umbilicum *non* claudente.

J'ai donné (pages **77-78**) la description de l'opercule.

Cette espèce varie comme grandeur. Elle atteint en hauteur de **13** à **19** millimètres, et elle mesure de **12** à **18** en diamètre.

M. G. Révoil a recueilli cette *obtusa*, que L. Pfeiffer a signalée de Zanzibar, sur la côte orientale, au sud du cap Gardafui, entre Tohen et Binnah, où elle se trouve ordinairement sous les broussailles.

ROCHEBRUNIA REVOILI (fig. 65-66).

Cette nouvelle forme, qui vit avec la précédente, diffère de celle-ci : par son test plus petit (haut. **10**, diam. **11** millim.); par sa forme moins turbinée ; par sa spire moins conique, comme écrasée, plus obtuse, à tours relativement plus gros et plus renflés ; par son dernier tour rectiligne ou même un tant soit peu descendant à l'inser-

tion du bord externe; par ses **tours moins nombreux**
(4 seulement); par ses bords réunis par une callosité plus
faible, ce qui fait paraître le péristome non continu.

REVOILIA.

Cette nouvelle coupe générique, à laquelle j'ai attribué,
en février 1881 (1), le nom de **M. G. Révoil** est des plus
caractérisées:

Coq. déprimée, discoïde; tours sillnnnés par de nombreuses arêtes spirales; ombilic très largement ouvert dans
le jeune âge, mais au contraire, dans l'état adulte, *toujours entièrement recouvert par une mince cloison*, due
à une dilatation exagérée du bord columellaire; ouverture
bien circulaire, à péristome *continu*, largement *ailé-di-
laté* et offrant, à l'insertion du bord supérieur, *une dilatation marginale se prolongeant sur le dernier tour*, et
*dépassant de beaucoup la partie supérieure de l'ouver-
ture*.

Ce péristome ne peut être mieux défini qu'en disant,
que, sans compter la dilatation ailée de son pourtour, il
donne naissance à deux autres dilatations : une *supérieure*, se prolongeant, en avant de l'ouverture, sur le
dernier tour ; une *inférieure*, partant du bord columellaire et étendant son développement sur toute la région
ombilicale, sous la forme d'une mince cloison. Lorsqu'on

(1) Moll. terr. et fluv., rec. en Afrique, dans le pays des Çomalis
Medjourtin, p. 9.

brise cette cloison, on aperçoit un ombilic en entonnoir et l'enroulement spiral interne en son entier.

Je ne connais malheureusement pas l'opercule de ce nouveau genre qui doit prendre place, dans la méthode, près des *Lithidion*. Les Revoilia, en effet, sont aux *Lithidion*, ce que sont les *Georgia* aux *Otopoma*.

En somme, les *Revoilia* sont des Cyclostomidæ ressemblant par leurs formes à d'énormes *Lithidion*, par leurs arêtes spirales au *Cyclostoma modestum*, par leur ombilic recouvert aux *Georgia*; enfin, par la dilatation supéro-aperturale de leur péristome à certains *Choanopoma*.

REVOILIA MILNE-EDWARDSI (fig. 57-59).

Testa late umbilicata (umbilicus callo columellari semper omnino tectus), depressa, discoïdea, solida, parum nitida, albidulo-lutescente aut obscure subaurantiaca; liris validis, productis, strictis, carinas simulantibus, distantibus, (vulgò in ultimo **20-25**, in alteris (supremis exceptis) æqualiter **8**, et, in interstitiis transverse striatis, sicut cancellatis), eleganter circumcincta; — spira depressa, conoïdeo-convexa, ad summum obtusa; apice lævigato, valido, prominente; — anfractibus **5** convexorotundatis; celerrime crescentibus, sutura impressa separatis; — ultimo maximo, tumido rotundato, 2|3 altitudinis fere æquante, superne ante insertionem labri subito deflexo ac deinde leviter descendente; — apertura obliqua, exacte circulari, superne non aut vix obscure subangulata; peristomate continuo, simplici, non duplicato sed expanso ac alatim plane dilatato et reflexiusculo, ad insertionem labri incurvato ac antrorsum provecto et in convexitate penultimi anfractus in longum extenso ; — margine columellari inferne mediocri, superne perlate expanso ac umbilicum omnino claudente ; — alt. **15**, diam. **22** millim.

Cette espèce, à laquelle j'attribue le nom de notre ami le professeur A. Milne-Edwards, membre de l'Institut, est remarquable par ses arêtes saillantes, aiguës, ressemblant à des carènes. Ces arêtes sont plus fortes, plus hautes et plus distantes les unes des autres sur le milieu de la convexité que vers les régions suturale et ombilicale. Entre chacune de ces arêtes, on observe de très fines stries transverses.

Le péristome continu, est pourvu sur tout son contour externe d'un bord *plan, ailé, légèrement réfléchi à sa tranche externe* et ressemblant à une collerette. Vers l'insertion du labre, à la partie supéro-aperturale, ce bord ailé, au lieu de rester plan, *s'incurve en avant* (ce qui donne lieu à une sinuosité) *et se projette au loin sur la convexité du tour, sous la forme d'une languette ailée,* qui vient mourir à une distance de **5** millimètres au delà de l'ouverture.

Le bord columellaire, très rétréci à sa base, à peine dilaté et subréfléchi, *prend à sa partie supérieure, sous la forme d'une mince cloison calcaire, une telle extension qu'il recouvre non seulement tout l'ombilic,* mais *encore une partie de la base* du dernier tour.

Cette *Revoilia* a été abondamment recueillie au cap Gardafui, sous les roches qui forment entablement, ainsi qu'au pied des broussailles le long du sentier de Tohen à Binnah sur la côte orientale.

MELANIA.

MELANIA TUBERCULATA.

Nerita tuberculata, *Muller*, Verm. Hist., ıı, p. 191., 1774.

Melania tuberculata, *Bourguignat*, Cat. rais. Moll. Orient, p. 65, 1853 ; et, Malac. Alg, II, 1864, p. 251, pl. xv, fig. 1-12.

Cette Mélanie, connue encore sous le nom de *fasciolata*, a été recueillie dans la lagune de Tohen, sur la côte orientale, où elle vit en compagnie des Limnæa Perrieri, Poirieri et Revoili.

Cette espèce est une des formes les plus cosmopolites que l'on connaisse : elle se trouve répandue, en effet, depuis l'Inde et les îles de la Sonde dans toute l'Asie occidentale, en Perse, en Mésopotamie, en Syrie, en Arabie, etc. et, même dans presque toute la partie sud de l'Anatolie. En Afrique, elle a été constatée dans les régions orientale et septentrionale de ce continent, de Natal en Égypte, et de l'Égypte au Maroc.

§ 2.

ANATOMIE
DES BULIMUS ET LIMICOLARIA REVOILI

—

Les détails anatomiques que je vais donner ne portent que sur deux Mollusques : les Bulimus et Limicolaria Revoili.

Ces espèces, à l'exception toutefois d'un Bulimus Pauli (que je n'ai pas voulu sacrifier), sont les seules dont le voyageur **G. Révoil** a rapporté les animaux.

BULIMUS REVOILI.

L'animal de ce Bulime, autant que j'ai pu en juger d'après son corps contracté et racorni dans un alcool un peu trop concentré, m'a semblé d'une teinte noirâtre ; son manteau très moucheté de taches jaunacées plus ou moins foncées, m'a paru analogue, comme coloris, à celui de l'*Helix fruticum* de nos pays.

La *masse buccale*, d'une forme oblongue (long. **7** mill.),
très convexe en dessus, est légèrement aplatie en
dessous.

La *bouche* est munie d'une pièce supérieure propre à
la mastication, la mâchoire.

Cette *mâchoire* se compose d'une pièce résistante,
muscoso-cornée, d'une teinte marron. Cette pièce (long.
2 mill. **1/2**, larg. **1/2** mill.) de la forme d'un arc parfait, est aussi large à ses extrémités qu'à sa partie cen-
trale; vue sous un très fort grossissement, elle paraît(voir
fig. **12**) sillonnée de très fines striations fortement serrées
les unes contre les autres.

La *masse linguale*, située au centre de la bouche (voir
fig. **8**), de la forme d'un tubercule oblong, est recouverte
d'une plaque cornée (radula) faiblement ocracée.

Cette *plaque* ou *radula* (long. **4**, larg. **2** mill.) est
hérissée d'une multitude de petites dents, ou spinules,
disposées symétriquement en quinconce. Sous un **très**
puissant microscope, ces denticules de forme triangulaire
avec une pointe terminale, offrent un léger renflement de
chaque côté de leur ligne de naissance. Vers le pourtour
de la plaque, ces denticules, réduits à l'état embryonnaire, ressemblent à des rudiments de tubercules.

J'ai essayé de me rendre compte du nombre de denticules qui pouvaient exister sur une plaque linguale de
4 mill. de long sur **2** de large. J'ai chiffré sur l'une d'elles **98** rangées horizontales et **72** verticales, soit **7,056** denticules; sur une autre, **102** sur **90**, soit **9,180** ; enfin, sur
une troisième, **114** sur **95**, soit **10,830**; ce qui donne une
moyenne de **8,943**. Or, d'après ces chiffres, sur une pla-

que de 2 mill. de large sur 4 de longueur, il y aurait, en moyenne, par millimètre carré, un peu plus de **1,100** denticules.

Sur une *radula* d'Helix pomatia qui, il est vrai, est un peu plus grande que celle du Bulimus Revoili, Thomson ev a compté **21,000**, et, **28,000** sur celle du Limax maximus; Hancoch, sur celle de l'Helix Ghiesbreghti, **39,596**, etc. — On peut juger par ces chiffres de l'extrême exiguité des denticules qui hérissent la plaque linguale des Mollusques de la famille des Helicidœ.

Les *glandes salivaires*, d'un blanc jaunacé, très allongées, enserrent complètement la partie moyenne de l'œsophage. Les canaux de ces glandes sont filiformes et prennent naissance de chaque côté de l'œsophage à l'extrémité supérieure de la masse buccale.

L'*œsophage* est un long tuyau d'un gris sale. L'*estomac*, d'une teinte ocracée, à moitié engagé dans le foie, m'a paru très développé (voir fig. 1). L'*intestin*, qui fait suite, forme trois circonvolutions entre les lobes du foie.

L'*orifice génital* s'ouvre, vers le sommet du cou, en arrière du grand tentacule droit.

La *bourse génitale commune* commence à cet orifice, sous la forme d'un conduit assez court (long. 2 mill.), dans lequel viennent déboucher le *vagin* d'un côté, le *fourreau de la verge* d'un autre, et, entre les deux, l'*orifice de la prostate* vaginale.

Le *fourreau de la verge* (long. 7-8 mill.), d'abord rétréci à sa partie inférieure, se gonfle en forme de cul-de-sac à son extrémité supérieure.

Le *canal déférent*, qui s'insère sur le fourreau de la verge, presque au niveau du *muscle rétracteur*, d'abord assez volumineux, finit par s'amincir en un petit filament blanchâtre. Ce filament, après plusieurs sinuosités, variables suivant les échantillons, descend au niveau de la poche commune, puis remonte vers la base de la matrice où il se poursuit sur toute sa longueur (sous le nom de *prostate déférente*) pour venir émerger de la fente basilaire de la glande albuminipare ; à partir de cette fente, ce filament (*canal excréteur de la glande hermaphrodite*) se présente sous l'apparence d'un petit conduit, recouvert d'une gaine fibreuse très lâche. Ce conduit, ou canal excréteur, après avoir formé dans cette gaine de nombreux méandres, va enfin aboutir, par diverses petites ramifications, dans la glande hermaphrodite.

Cette *glande*, d'une teinte rouge-marron assez foncée est composée d'une réunion de nombreux follicules digitiformes.

La *glande albuminipare*, placée à l'extrémité supérieure de la matrice et de la prostate déférente, ressemble à une longue languette (long. 25 mill.) aplatie ; elle est néanmoins, notablement renflée inférieurement ; elle s'étend sur les contours du foie. Chez deux individus, je l'ai trouvée pliée en deux.

La *matrice* se montre sous la forme d'un long sac, à parois minces, molles et jaunâtres, offrant çà et là des boursouflures séparées par des étranglements.

L'*oviducte*, d'une longueur de 4 à 5 millimètres, est un conduit qui de la matrice aboutit au vagin, un peu au-dessous de l'orifice du canal de la poche copulatrice.

Le *vagin*, de même diamètre et à peu près de même longueur que l'oviducte, débouche dans la *bourse génitale commune*.

Au sommet du vagin, s'ouvrent deux conduits : 1° celui de la *glande copulatrice,* terminée à son extrémité par un renflement allongé (long. 6, diam. 1 mill.). Ce renflement (glande copulatrice), d'une teinte jaunacée assez sale, se trouve appliqué le long de la prostate déférente ; 2° celui du *sac vaginal,* sorte de prolongement du vagin. Ce conduit, à peu près de même longueur que le précédent, passe sous l'oviducte et s'étend le long des sinuosités de la matrice.

Enfin, au fond de la bourse génitale commune, entre l'orifice du vagin et celui du fourreau de la verge, se montre celui de la *prostate vaginale.* Cette prostate est un très long tuyau réduit, à sa partie médiane, à l'état de très petit filament, et pourvu à son extrémité d'un fort renflement allongé (long. 7 mill.) légèrement arqué, et ressemblant à une gousse de petits pois.

Lorsqu'on compare ces organes génitaux avec ceux du *labrosus* de Syrie, espèce du groupe des *Petrœus,* et voisine, comme forme, du *Revoili,* on remarque entr'eux d'assez grandes différences.

Ainsi, le *labrosus* possède un petit flagellum ; son oviducte descend presque jusqu'à la bourse génitale commune ; son vagin, excessivement long, forme un conduit spécial, qui ne fait pas suite à l'oviducte, comme celui du *Revoili*; enfin, la glande albuminipare, la prostate vaginale, le fourreau de la verge, etc., ont une forme bien distincte.

Il résulte de ces caractères différentiels que le *Revoili*, bien qu'appartenant, au point de vue de la forme de sa coquille, au groupe des Petrœus, reste un type à part.

EXPLICATION DES FIGURES.

Fig. 1. — E. Œsophage. — F. Estomac. — G. Intestin. — H. Commencement du cœcum. — I. Foie.

Fig. 2. — Organes génitaux : — A. Glande hermaphrodite. — B. Canal excréteur. — C. Glande albuminipare. — D. Matrice. — E. Oviducte. — F. Vagin. — F'. Sac vaginal. — G. Poche copulatrice. — H. Prostate déférente. — I. Canal déférent. — J. Muscle rétracteur du fourreau de la verge. — K. Fourreau de la verge. — L. Prostate vaginale. — M. Muscle rétracteur de la prostate vaginale. — N. Bourse génitale commune.

Fig. 3. — Partie inférieure très grossie du canal excréteur de la glande hermaphrodite, au moment où elle s'immerge dans la fente basilaire de la glande albuminipare : — B. Canal excréteur. — B'. Son talon. — C. Portion de la glande albuminipare. — H. Commencement de la prostate déférente.

Fig. 4. — Portion très grossie du canal excréteur de la glande hermaphrodite, pour faire voir le canal interne dont les replis sont gonflés par les ovules.

Fig. 5. — Fourreau de la verge très grossi et ouvert à sa partie inférieure pour montrer sa disposition interne : — I. Extrémité inférieure du canal déférent. — J. Muscle rétracteur. — K. Fourreau de la verge.

Fig. 6. — Ensemble très grossi de la masse buccale et

Mollusques.

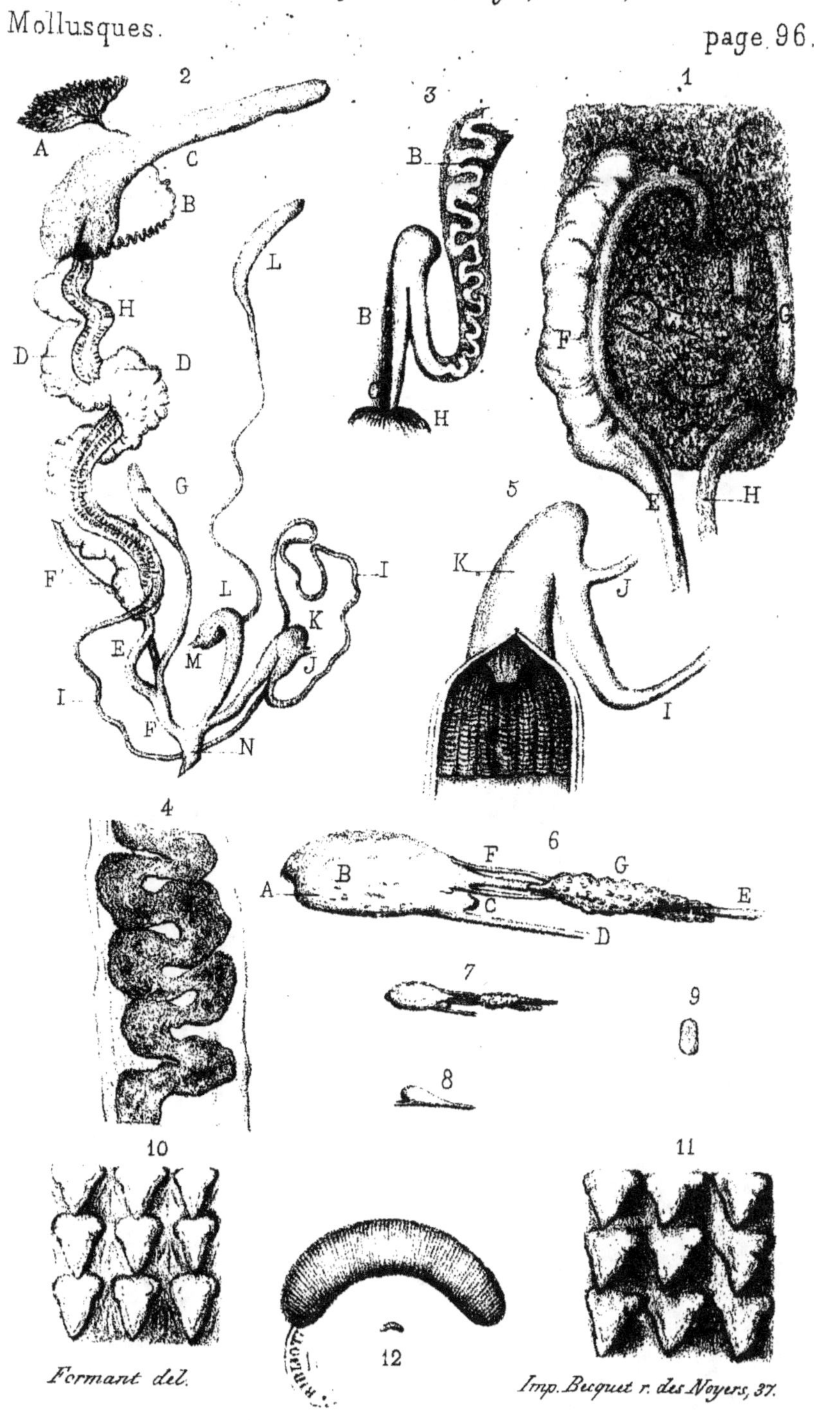

Formant del.

Imp. Becquet r. des Noyers, 37.

Bulimus Revoili.

des glandes salivaires. — A. Orifice buccal. — B. Masse buccale. — C. Son talon. — D. Muscle rétracteur. — E. Œsophage. — F. Conduits des glandes salivaires. — G. Glandes salivaires.

Fig. 7. — Masse buccale et glandes salivaires de grandeur naturelle.

Fig. 8. — Masse linguale, vue de profil, de grandeur naturelle.

Fig. 9. — Plaque linguale ou radula, de grandeur naturelle.

Fig. 10. — Fragment excessivement grossi de la plaque linguale pour montrer la forme des denticules.

Fig. 11. — Autre fragment également très grossi d'une autre plaque linguale où la forme des denticules est différente.

Fig. 12. — Mâchoire de grandeur naturelle, et très grossie.

LIMICOLARIA REVOILI.

L'animal de cette Limicolaria possède un pied excessivement noir. Son manteau paraît d'un gris pâle avec quelques taches jaunacées peu nombreuses.

La *mâchoire* est très caractérisée ; elle consiste en une pièce cornée (long. 1 1|2 mill.), d'un marron foncé en avant, munie en arrière d'une grande plaque cartilagineuse cristalline, subquadrangulaire, destinée à servir de surface d'attache dans le tissu fibro-musculeux de la partie supérieure de la bouche. Cette plaque devient très robuste vers sa réunion avec le bord supérieur de la mâ-

choire. Cette mâchoire, vue de face sous un très fort grossissement, de la forme d'un arc peu régulier, présente une surface sillonnée par de petites lignes creuses, très espacées à la région médiane, et devenant vers les extrémités de plus en plus serrées.

La *plaque linguale*, de 5 mill. de longueur sur près de 3 de largeur, est hérissée d'une infinité de petits points denticulaires disposés symétriquement en quinconce. Sur une plaque, j'ai compté 148 rangées verticales et 148 horizontales, sur une autre 160 sur 145, soit pour la première 21,756, et pour la seconde, 23,200 denticules.

On remarque sur la plaque linguale différentes sortes de dents :

1° Au centre, 13 rangées verticales de denticules, dont j'ai donné figure 7 une exacte représentation ;

2° De chaque côté, 28 rangées de denticules latérales (voir fig. 8) ;

3° De chaque côté des latérales, 27 autres rangées marginales (voir fig. 9) ;

Enfin, 4°, le long des bords, 12 autres rangées (voir fig. 10).

La formule dentaire peut se formuler ainsi :

$$12 + 27 + 28 + 13 + 28 + 27 + 12 = 147.$$

Je ferai observer que vers les bords, les denticules, réduits à l'état rudimentaire, apparaissent comme de tout petits tubercules, qui peu à peu augmentent en taille jusqu'à la série marginale. Dans cette série, les émirences tuberculiformes sont pourvues à gauche d'un rudiment de pointe acérée. Dans la série suivante, ces éminences, d'arrondies, deviennent subquadrangulaires, avec une spinule étroite et fort allongée ; enfin, dans la médiane, les spinules prennent plus de force, la région supérieure se gonfle, et l'éminence acquiert alors la forme d'une cornue renversée à col pointu.

Les *glandes salivaires* sont courtes ; elles entourent l'œsophage à peu de distance de la masse buccale, en formant un paquet assez volumineux.

Les *organes génitaux* sont particuliers et très dissemblables de ceux des Bulimes.

Chez la Limicolaria Revoili, le *vagin* occupe la place de la poche génitale commune ; il est renflé et volumineux. A son extrémité supérieure s'ouvrent : 1° du côté droit, le conduit de l'*oviducte*, notablement dilaté à sa jonction avec la matrice, et, celui de la *glande copulatrice*, terminée par une longue poche acuminée ; 2° du côté gauche (vers le bas), les conduits de la *prostate vaginale* et du fourreau de la *verge*.

La *prostate vaginale* est un long tube renflé inférieurement, filiforme à sa partie médiane, et un tant soit peu dilaté vers son extrémité supérieure.

Le *fourreau de la verge* est caractérisé par une glande oblongue, faisant fonction de *flagellum*. Cette glande est relativement si volumineuse qu'elle paraît l'emporter en force et en taille sur le fourreau de la verge, qui semble réduit à un rôle secondaire.

La présence de cette *glande flagelloïde*, le vagin en forme de bourse, occupant la place de la poche génitale commune, la dilatation supérieure de l'oviducte, le manque de sac vaginal, etc.; non moins que la forme spéciale de la glande copulatrice, de la prostate vaginale, etc., font que cette Limicolaria est très distincte, anatomiquement, des Bulimes et des espèces des autres genres de la famille des Helicidœ.

EXPLICATION DES FIGURES.

Fig. 1. — Masse buccale grossie : — A. Bouche. — B. Masse buccale. — C. Talon. — D. Muscle rétracteur. — E. OEsophage. — F. Conduits des glandes salivaires. — G. Glandes salivaires.

Fig. 2. — Même masse buccale, de profil, de grandeur naturelle.

Fig. 3. — Mâchoire très grossie; vue en dessus pour faire voir la plaque d'enchâssement.

Fig. 4. — Même mâchoire très grossie, vue de face.

Fig. 5. — Même mâchoire de grandeur naturelle.

Fig. 6. — Plaque linguale de grandeur naturelle.

Fig. 7. — Fragment excessivement grossi de la plaque linguale pour faire voir la forme et la disposition des dents médianes.

Fig. 8. — Fragment excessivement grossi de la plaque linguale pour montrer la forme des dents latérales.

Fig. 9. — Fragment excessivement grossi de la plaque linguale pour montrer celle des dents marginales.

Fig. 10. — Fragment excessivement grossi de la plaque linguale pour montrer celle des dents tout à fait marginales, réduites à l'état de petits points.

Mollusques.

page 100.

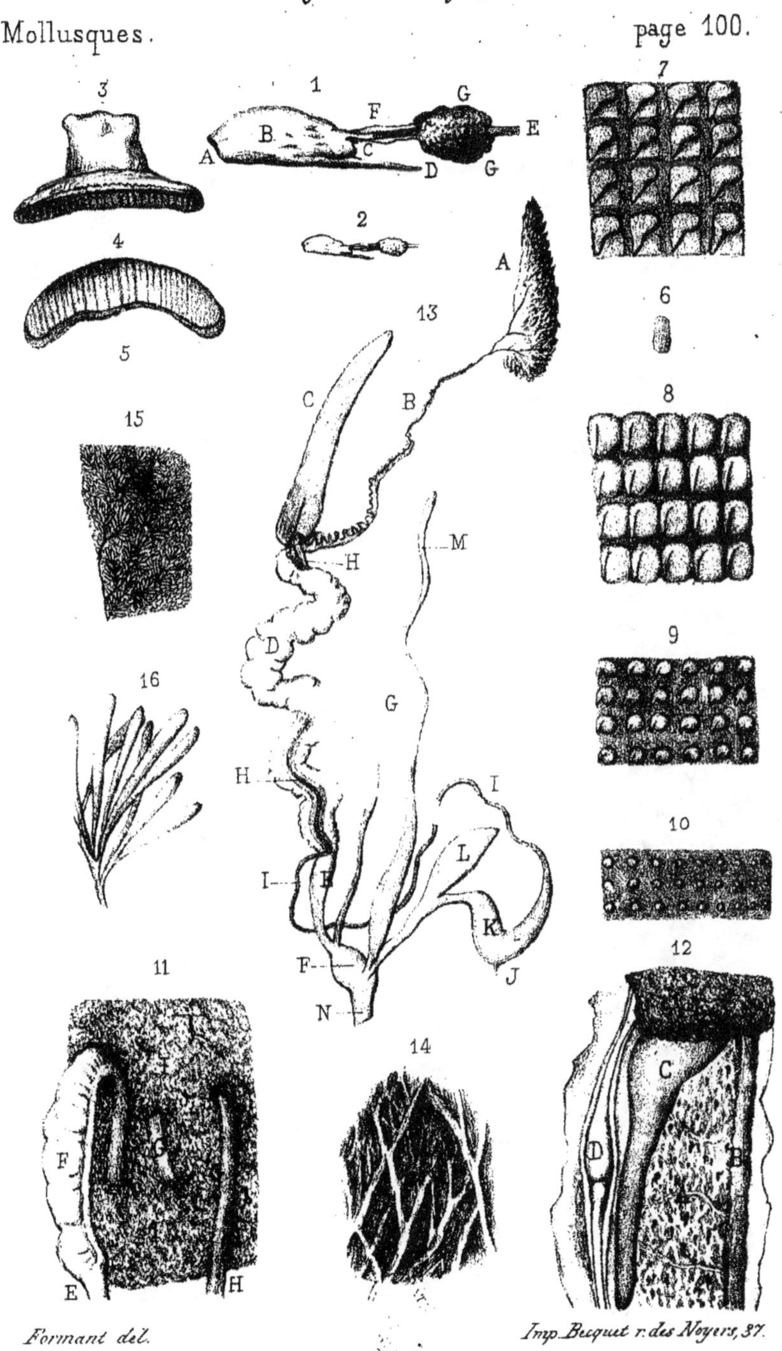

Formant del.

Imp. Becquet r. des Noyers, 37.

Limicolaria Revoili.

Fig. **11**. — E. Œsophage. — F. Estomac. — G. Intestin. — H. Commencement du cœcum. — I. Foie.

Fig. **12**. — Ensemble très grossi d'une portion de la cavité pulmonaire : — A. Paroi pulmonaire. — B. Gros intestin. — C. Glande præcordiale. — D. Cœur. — E. Foie.

Fig. **13**. — Organes génitaux : — A. Glande hermaphrodite. — B. Canal excréteur. — C. Glande albuminipare. — D. Matrice. — E. Oviducte. — F. Poche vaginale. — G. Poche copulatrice. — H. Prostate déférente. — I. Canal déférent. — J. Muscle rétracteur du fourreau de la verge. — K. Fourreau de la verge. — C. Poche flagelloïde ou flagellum. — M. Prostate vaginale. — N. Orifice commun.

Fig. **14**. — Fragment très grossi de la partie interne de la poche vaginale.

Fig. **15**. — Portion très grossie de plusieurs lobes de la glande hermaphrodite.

Fig. **16**. — Vésicules excessivement grossies d'un des lobes de la glande hermaphrodite.

Les Mollusques du pays Çomalis sont au nombre de **36**, abstraction faite de la *Melania tuberculata*, espèce cosmopolite, sans importance au point de vue de la répartition des êtres.

Or, lorsqu'on examine ces **36** Mollusques, sous le rapport de l'analogie de leurs signes distinctifs avec ceux des autres pays, on reconnaît :

1° Que les Helix dérivent du type *pisana*, dont les formes sont si répandues dans toutes les contrées circum-méditerranéennes ;

2° Que les Bulimus appartiennent à la série des *Petreus* d'Arabie, espèces qui, elles-mêmes, se relient, par des nuances peu tranchées, à cette belle suite syrienne des spirectinus, thaumastus, labrosus, Jordani, exochus, diminutus, lamprostatus, Alepi, therinus, etc... ;

3° Que les Limicolaria et les Limnœa, au contraire,

sont franchement africaines, parce que les premières font partie d'un genre spécial à l'Afrique, et les secondes, du groupe de l'*orophila* du Benguella.

4° Que tous les *operculés terrestres* des genres Georgia, Rochebrunia et Revoilia sont des formes du centre malgache, puisqu'il n'y a que dans ce centre zoologique où l'on puisse retrouver, chez les *Otopoma* et *Lithidion*, les similaires des coquilles Çomaliennes.

Il résulte de ces faits que la population malacologique du pays exploré par M. G. Révoil provient de *trois centres* de types de formes.

Elle provient, en effet :

1° Du grand centre zoologique africain, qui s'étend sur presque tout ce continent, à l'exception, toutefois, de son extrémité sud-australe et de toute sa partie septentrionale (1) ;

2° Du centre du système européen (2), qui englobe non seulement toute l'Asie occidentale, mais encore l'Europe entière et les régions nord de l'Afrique, comme le Maroc, l'Algérie, la Tunisie, etc... ;

3° Enfin, du centre malgache, qui a fait sentir son influence le long des côtes oriento-africaines depuis le littoral zanzibarien jusqu'à Gardafui, et aux côtes sud de

(1) Voir pour la répartition des espèces dans le nord de l'Afrique, la Malacologie de l'Algérie, 1864.

(2) Ce centre se subdivise, d'après la prédominance de certaines formes, en sous-centres taurique, alpique et hispanique.

l'Arabie ; qui, de plus, a peuplé de ses *Operculés terrestres*, un grand nombre d'îles de l'Océan indien.

Les Mollusques de ces deux derniers centres ont été,
sans aucun doute, introduits de temps immémorial dans
le pays des Çomalis, où sous l'influence des milieux nouveaux et sous l'action lente des temps (1), ils se sont sé-
lectés des caractères spéciaux ; caractères qui, à la suite
des siècles, ont constitué les diverses espèces que je viens
de faire connaître.

J. R. B.

Janvier, **1882.**

(1) L'espèce est ʀᴇʟᴀᴛɪᴠᴇ sous la double influence du temps et des
milieux (Bourguignat, 1868).

TABLE

DES NOMS D'ESPÈCES

ET

APPELLATIONS SYNONYMIQUES.

------

*

MOLLUSQUES TERRESTRES ET FLUVIATILES.

Page 83, ligne 22, lire : *Abdul-Khori* au lieu de *Alb-el-Gourg*

Paris. — Imp. de Mme veuve Bouchard-Huzard, rue de l'Éperon, 5,
Jules TREMBLAY, gendre et successeur.

Mollusques.

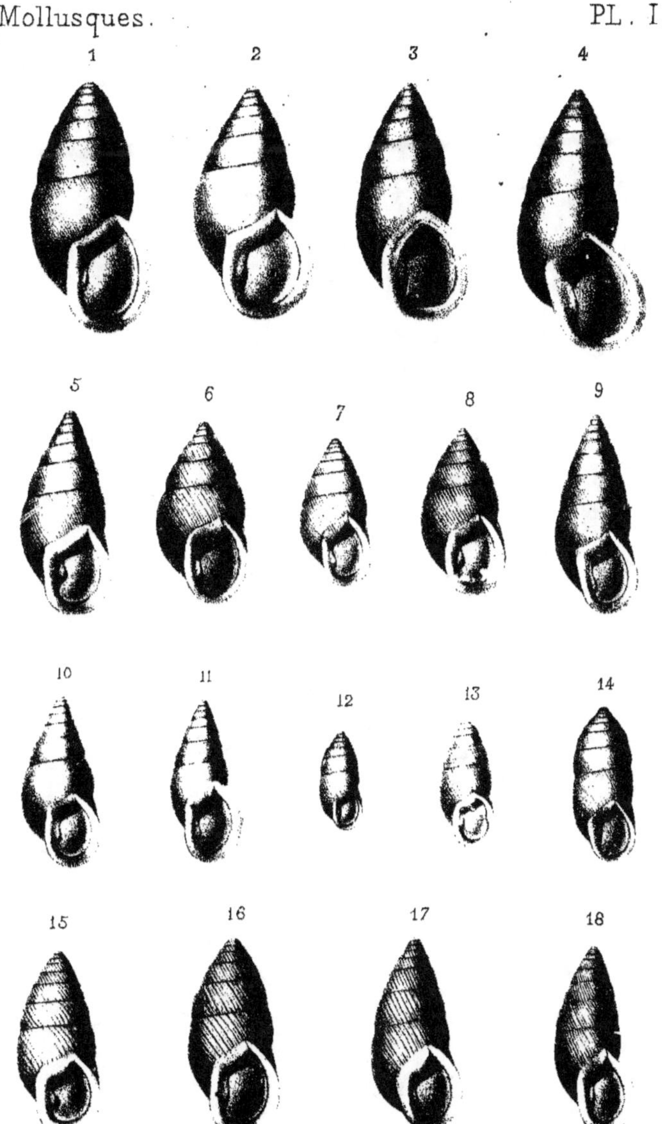

Imp. Becquet, Paris.

1. Bul. Revoili._2. Bul. Revoili, var. cyclostomopsis._3. Bul. Revoili, var.
pa..stoma._4. Bul. Georgi._5. Bul. Maunoirianus._6. Bul. candidus
d'Aden._7_8. Bul. candidus, des Ouarsanguelis._9. Bul. Pauli._10. Bul.
Duveyrierianus._11. Bul. labiosus._12. Bul. Hedjazicus._13. Bul. Yemenicus.
14. Bul. Sabaeanus._15. Bul. Tiani._16. Bul. macropleurus._17. Bul.
Bertrandi._18. Bul. Delagenieri.

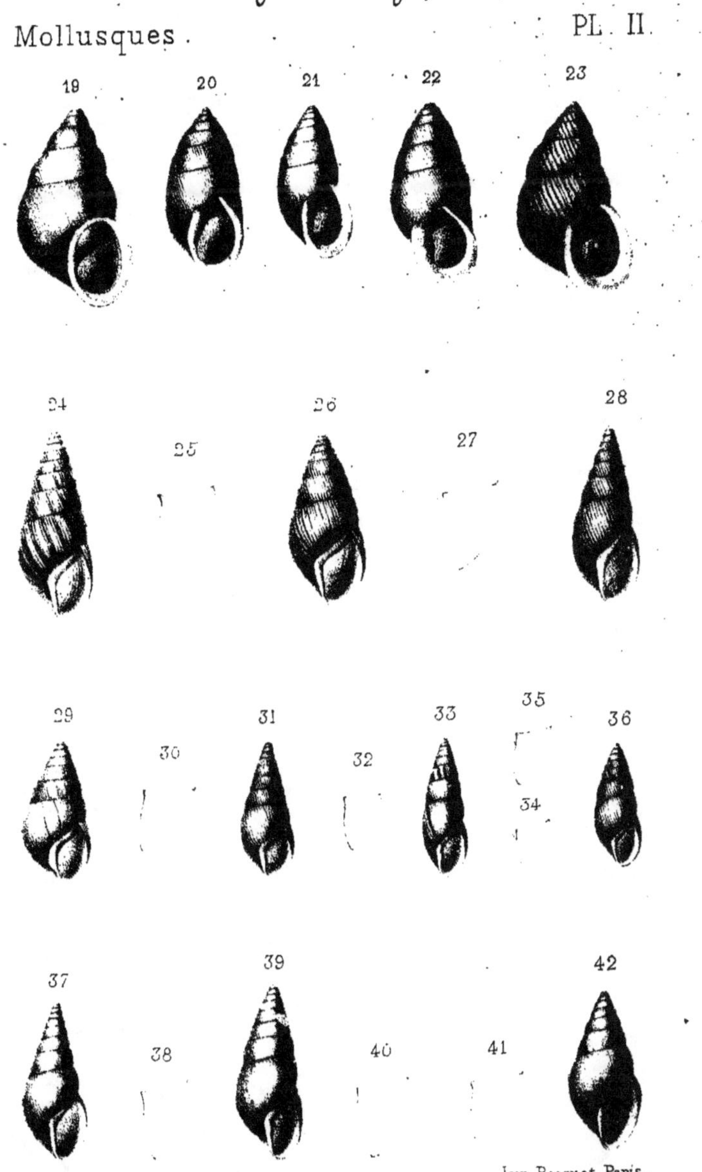

19. Bul. frugosus. _ 20. Bul. micraulaxus. _ 21. Bul. prochilus. _ 22. Bul. latireflexus. _ 23. Bul. Forskali. _ 24_26. Limicolaria Revoili et var. inflata. _ 27_28. Lim. Gilbertœ. _ 29_30. Lim. Maunoiriana. _ 31_32. Lim. Perrieriana. _ 33_34. Lim. Rochebruni. _ 35_36. Lim. Armandi. 37_38. Lim. Leontina. _ 39_40. Lim. Milne-Edwardsi. _ 41_42. Lim. Rabaudi.

Mollusques. PL. III

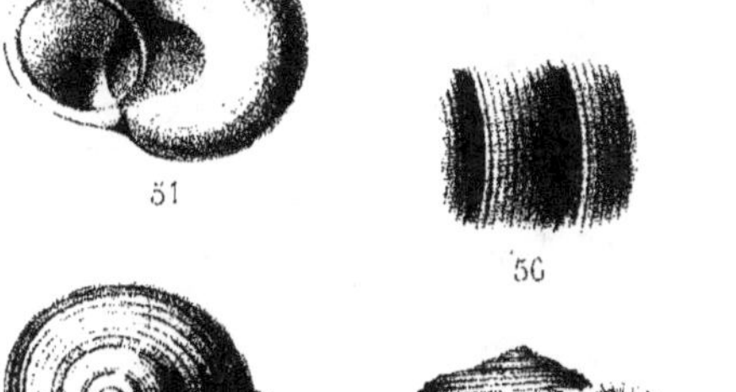

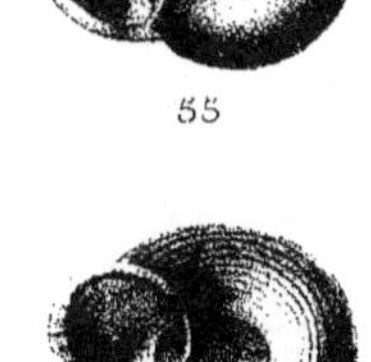

Arnoul del. Imp. Lemercier et C.ie r de Seine 57 Paris

43-45. *Georgia naticopsis*. 46-48. *Operc. de la naticopsis*
49. *G. Guillaini* 50-51. *G. Perrieri*. 52-53. *G. Revoili*
54-56. *G. Poirieri* 57-59. *Revoilia Milne Edwardsi*.

Mollusques.

Arnoul del.

Imp. Lemercier et Cie r. de Seine 57 Paris

60-61 Rochebrunia obtusa. 62-64. Operc. de l'obtusa.
65-66. Roch. Revoili. 67-69. Helix comaliana 70-71. Hel.
Tiani. 72-73. Hel. Pisaniformis. 74-76. Hel. tohenica 77-78
Limnœa Perrieri. 79-80 L. Poirieri. 81-82. L. Revoili.